"十三五"江苏省高等学校重点教材（编号：2019-2-081）
"十四五"职业教育江苏省规划教材
人力资源和社会保障部国家级教材

U0162996

城市综合管廊工程

主　　编	仝小芳	卢佩霞	
副主编	陈　丰	许　飞	王　欣
	吴书安	徐银鸣	闫玉蓉
参　　编	魏江龙	袁飞杨	李松良
	沙爱敏	王　群	黄家琮
	李宏亮		
主　　审	杨鼎宜		

南京大学出版社

图书在版编目(CIP)数据

城市综合管廊工程 / 仝小芳,卢佩霞主编. —南京:
南京大学出版社,2020.8(2022.6 重印)
ISBN 978 - 7 - 305 - 23431 - 6

Ⅰ. ①城… Ⅱ. ①仝… ②卢… Ⅲ. ①市政工程—地
下管道—管道工程 Ⅳ. ①TU990.3

中国版本图书馆 CIP 数据核字(2020)第 099537 号

出版发行　南京大学出版社
社　　　址　南京市汉口路 22 号　　　　　邮编　210093
出 版 人　金鑫荣
书　　　名　城市综合管廊工程
主　　　编　仝小芳　卢佩霞
责任编辑　朱彦霖　　　　　　　编辑热线　025 - 83597482
照　　　排　南京开卷文化传媒有限公司
印　　　刷　南京人民印刷厂有限责任公司
开　　　本　787×1092　1/16　印张 13.25　字数 474 千
版　　　次　2020 年 8 月第 1 版　2022 年 6 月第 2 次印刷
ISBN 978 - 7 - 305 - 23431 - 6
定　　　价　50.00 元

网　　　址:http://www.njupco.com
官方微博:http://weibo.com/njupco
微信服务号:njuyuexue
销售咨询热线:(025)83594756

编　委　会

前　言

　　城市综合管廊作为城市"地下管线之家"，具有资源集约化、使用寿命长、安全性能高、环境效益佳、管线运行维护方便等优势，可有效解决城市反复开挖的"马路拉链"以及街道网式架空线的"空中蜘蛛网"问题，在美化城市环境、节约土地资源、提升城市形象、降低能源风险等方面发挥出巨大作用，其建设规模已经由小范围尝试走向全方位推广。

　　《城市综合管廊工程》一书是根据技术技能型市政工程及道路桥梁工程技术专业人才培养目标和教学实践、结合一线施工员岗位标准，以内容求新、理论求浅、注重实用为原则，以突出职业能力培养、紧密追踪行业发展、紧贴最新行业标准、规范为核心目标编写而成。本书以典型项目任务为依托，全面介绍了城市地下综合管廊规划、设计、建造与运维各个阶段的代表性做法，并且融入这一领域内的新技术、新理论和新进展，引用国内外经典案例，对城市地下综合管廊全过程技术与管理进行了全面系统的阐述，具有很强的实用性和指导性。本书可作为高等职业院校市政工程、道路桥梁工程及其他土建类专业的教材，也可作为成人教育和职业培训的指导教材，对从事市政工程、道路工程生产、管理和相关工程技术人员也具有一定的参考价值。

　　为了使学生更加直观、形象地学习城市综合管廊工程课程，我们以"互联网＋"教材的模式设计了本书，在书中相关的知识点旁边，以二维码的形式添加了编写团队多年来积累和整理的文档、视频、动画、图片等学习资源，学生可以在课堂内外通过扫描二维码来自主阅读，二维码所链接资源也会根据行业发展情况，不定期更新，以便教材内容与行业发展结合更为紧密；为了方便教师打破常规讲授法的教学模式，采用翻转课堂、混合式教学等多种教学模式，教材在任务单中明确规定了学生自主学习、分组讨论协作等任务目标，教师可灵活运用，同时可通过课堂进阶的在线习题自测及课后习题测试了解学生不同阶段的知识掌握情况。

　　本书共分五个项目,其中项目一认识综合管廊以及项目二城市综合管廊勘测与规划由扬州市职业大学许飞、黄家琮、李宏亮,江苏叁山生态环境发展有限公司徐银鸣、魏江龙编写;项目三城市综合管廊设计以及项目五城市综合管廊运营维护管理由扬州市职业大学陈丰、扬州工业职业技术学院卢佩霞编写;项目四城市综合管廊施工由扬州市职业大学仝小芳、吴书安、王群编写;拓展阅读的BIM技术在城市综合管廊工程中的应用由扬州市职业大学王欣、闫玉荣、李松良、沙爱敏、浙江同济科技职业学院袁飞杨编写,全书由扬州市职业大学仝小芳、扬州工业职业技术学院卢佩霞担任主编并统稿,由扬州大学杨鼎宜担任主审。

　　本书在编写过程中,参考并引用了许多生产科研单位的技术文献资料,同时得到了业界专家学者和同仁的支持,并获得南京大学出版社的大力支持。在此,谨向为本书编写与付出辛勤劳动的各位专家学者和同仁表示衷心感谢!书中部分资料及图片源自相关专业网站和图片网站,在此一并感谢!

　　近年来,城市综合管廊工程发展迅速,新技术、新产品、新工艺不断出现,同时,由于编者水平有限,因此书中错漏难免,敬请专家、同行和读者批评指正,以便我们在后期再版时进行修改完善。

编者

2020 年 3 月

目　录

项目 1 认识综合管廊

项目导读

城市市政公用管线是城市赖以正常运行的生命线,传统的市政公用管线各自敷设在道路的浅层空间内,管线增容、扩容不但造成了"拉链路"现象,而且导致管线事故频发,极大地影响了城市的安全。综合管廊具有管线集中管理、附属设施功能完善、检修更换方便、区域污水集中处理、雨水收集综合利用、保护城市文化等功能。合理规划、建设综合管廊将促进原有市政基础设施建设向城市现代化方向发展,这是我国加快城市化进程和实现城市现代化的重要组成部分。

本项目从城市综合管廊基本概念开始,由浅入深逐步介绍城市综合管廊建设背景、建设现状、存在的问题、建设模式等知识。

学习目标

1. 掌握城市综合管廊的定义、组成、分类及优缺点;
2. 了解城市综合管廊的建设背景、建设现状、存在的问题;
3. 了解降低城市综合管廊工程造价的技术措施;
4. 了解城市综合管廊工程的建设模式。

任务 1.1 城市综合管廊概述

工作任务

了解城市综合管廊建设背景;掌握城市综合管廊的定义、组成及分类等基本概念;了解掌握城市综合管廊建设现状及存在的问题。

具体任务如下:

(1) 结合城市综合管廊工程相关规范及文件了解城市综合管廊建设背景;

(2) 结合最新国家标准《城市综合管廊工程技术规范》(GB 50838—2015)了解掌握城市综合管廊的最新定义;

(3) 对照图片了解掌握城市综合管廊主体和附属设施等具体组成;

(4) 结合规范及图片了解掌握城市综合管廊的分类、优缺点及适用范围;

(5) 结合城市综合管廊案例,了解城市综合管廊发展现状。

工作途径

《国务院办公厅关于推进城市地下综合管廊建设的指导意见》(国办发〔2015〕61号);
国内外综合管廊案例图片集;
《城市综合管廊工程技术规范》(GB 50838—2015);
《城市综合管廊工程设计指南》。

任务单1.1

成果检验

(1)对照任务单完成课前预习、课中考核及分工协作,完成课后习题自测;
(2)本任务采用学生线上自测及教师线下评价综合打分。

1.1.1 城市综合管廊建设背景及意义

1. 建设背景

城市道路作为都市的交通网络,不仅担负着繁重的地面交通负荷,更为都市提供绿化及地震时的紧急避难场所。而社会民众所必需的各种管线,如自来水、燃气、电力、通信、有线电视、雨污水系统,通常埋设在道路的下方。据调查,自1894年上海埋设第1条煤气管道开始,经过100多年的建设积累,上海地下管线的总长度超过2.5万 km,同时1/3左右管线的管龄已逾50年。由于管龄过长,外界的影响极易造成管道开裂,形成漏水、漏气,甚至造成路面下沉、开裂而引发事故等严重后果。道路红线宽度有限,在有限的道路红线宽度内,往往要同时敷设电力电缆、自来水管道、信息电缆、燃气管道、热力管道、雨水管道、污水管道等众多的市政公用管线,有时还要考虑地铁隧道、地下人防设施、地下商业设施的建设。道路下方浅层的地下空间由于施工方便、敷设经济,往往是大家争相抢夺的重点。道路下方的管线层层叠叠,如图1-1所示。

未来之城
集约之美

图1-1 道路下方管线

　　城市普遍存在的高压电力走廊不但占用了大量的土地资源,而且对城市环境的影响也非常巨大,如图 1-2 所示。随着城市居民物质生活水平的不断提高,人们对城市的景观及居住区环境提出了更高的要求。优美的城市环境,是城市现代化建设的基本要求。而综合管廊的建设消除了城市道路上电线杆林立、架空线蛛网密布的视觉污染,减少了架空管线与绿化的矛盾,并有效地消除了地下管线因维修、扩容而造成的道路重复开挖。

图 1-2　城市高压电力走廊

2. 建设意义

(1) 符合国家政策推广、落实的要求

相关政策

　　自 2013 年起,国家先后发布《国务院关于加强城市基础设施建设的意见》《关于开展中财政支持地下综合管廊试点工作的通知》《国务院办公厅关于加强城市地下管线建设管理的指导意见》《国务院办公厅关于推进城市地下综合管廊建设的指导意见》《关于推进城市地下综合管廊建设的主题报告》《国家发展改革委、住房和城乡建设部关于城市地下综合管真实行有偿使用制度的指导意见》以及《中共中央国务院关于进一步加强城市规划建设管理工作的若干意见》等系列政策文件,全国进入综合管廊大规模建设时期。

(2) 提升城市承载能力及安全性能

　　随着城市建设进程的加快推进,市政管线的建设速度不断加快。采用传统直埋式布设市政管线,由于道路修建、管线扩容、管线维修、施工破坏等原因而造成的停水、停气、停电以及通信中断事故频发,对城市的正常交通和生产生活造成极大影响。综合管廊是个相对封闭的地下空间。管线布置在综合管廊内,可以避免土壤和地下水对管线的侵蚀,延长管线的使用寿命,避免道路在直埋管线施工时对管线的损坏,大大提高市政管线运行安全性,城市基础设施安全运行得到保障的同时,能够最大限度地减少地震、洪水等自然灾害或极端气候对廊内管线的破坏,提高了城市的综合防灾、减灾能力,增强城市安全性能。

(3) 解决城市"马路拉链"问题

　　传统直埋布设的管线,重复交错现象严重,平面及竖向布局矛盾时有发生,导致管线扩容或维修时反复开挖道路。"马路拉链"问题已经成为城市的顽疾,不仅对社会环境造成严重的破坏,也是社会资源的极大浪费。建设综合管廊,可避免或减少道路开挖,从而减少对交通的干扰,改善车辆行驶环境、降低出行时间成本,同时避免"马路拉链"所造成的系列资源浪费,提升城市的可持续发展能力。

（4）集约管理各类市政管线

城市地下管线首先需要规划部门进行基础设施的专项规划,然后以城市道路规划为基础,对管线进行总体规划,最后由各专业公司进行深化设计及施工,从而避免各专业公司在管理上各自为政,缺少统筹兼顾,造成了大量的人力、物力和财力的浪费。综合管廊内可容纳多种管线,市政主管部门可以进行统管,根据专业规划和管线综合规划进行统维修、改造,规划手续次办理,建设一次性施工,大大提高管理的效率。

（5）有效利用地下空间资源

各类直埋管线占用大量公共地下空间,难以满足不断扩展的道路、管线改扩建需求,架立管线尤其是超高压电力线路占用大量建设用地,而综合管廊可以最大限度利用地下空间,减少土地占用,与城市其他地下空间统筹规划,最大限度实现城市地下空间合理利用。

（6）改善城市外观环境

建设综合管廊,集约度高、科学性强 ,可有效解决地上空间过密化,实现城市基础设施功能集聚,创造和谐城市生态环境,使城市更加整齐美丽,提升区域整体形象,具有明显的环境效益。

▐▶ 1.1.2　城市综合管廊的概念

规范规程

**城市综合管廊
工程技术规范**

城市综合管廊通用名称有综合管沟、共同沟、共同管道等。根据最新国家标准《城市综合管廊工程技术规范》(GB 50838—2015),正式名称应统一为"综合管廊"。是指在城市道路、厂区等地下建造的一个隧道空间,将电力、通信、燃气、给水、热力、排水等市政公用管线集中敷设在同一个构筑物内,并通过设置专门的投料口、通风口、检修口和监测系统保证其正常营运,实施市政公用管线的"统一规划、统一建设、统一管理",以做到城市道路地下空间的综合开发利用和市政公用管线的集约化建设和管理,最终形成一种现代化、集约化的城市基础设施,简称建于城市地下用于容纳两类及以上城市工程管线的构筑物及附属设施,是目前城市地下空间开发的重要形式之一。

▐▶ 1.1.3　城市综合管廊的组成

城市综合管廊主要由综合管廊主体和综合管廊附属设施构成。

（1）城市综合管廊主体

城市综合管廊主体主要包括:标准段、节点构筑物和辅助建筑物等,节点构筑物包括交叉节点、管线分支口、吊装口、通风口等,辅助建筑物指变电所、监控中心、生产管理用房等。

（2）城市综合管廊附属设施

城市综合管廊的附属设施主要包括消防设施、通风设施、供电及照明设施、监控报警设施和标识设施等。

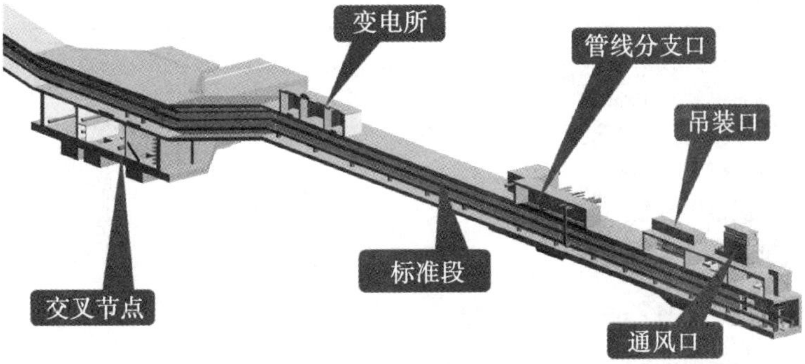

图1-3　综合管廊主体结构(部分)

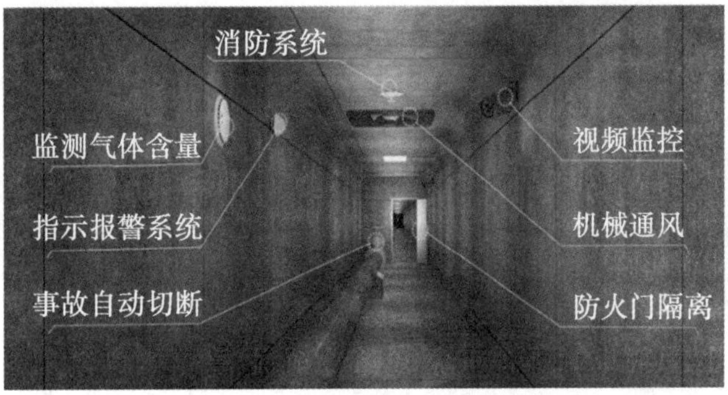

图1-4　综合管廊附属设施(部分)

1.1.4　城市综合管廊的分类

1. 按容纳管线等级和数量分类

城市综合管廊根据其所容纳管线等级和数量可分为干线综合管廊、支线综合管廊和缆线综合管廊。

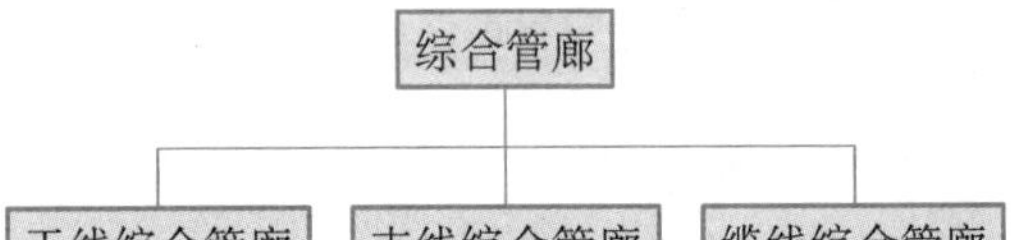

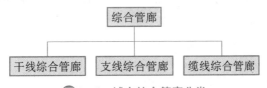

图1-5　城市综合管廊分类

(1) 干线综合管廊

主要收容城市的各种供给主干线,但干线综合管廊不直接为周边用户提供服务。设置于道路中央下方,向支线综合管廊提供配送服务。其断面通常为圆形或者多格箱型,其内部一般要求设置工作通道及照明、通风设备。其特点为结构断面尺寸大、覆土深、系统稳定且输送量大,具有高度的安全性,维修及检测要求高。

干线综合管廊

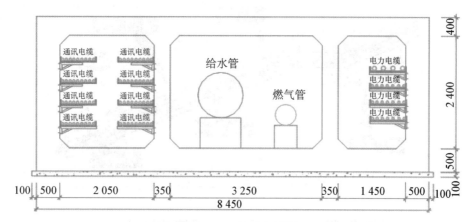

图1-6 十线综合管廊

（2）支线综合管廊

主要收容城市中的各种供给支线，为干线综合管廊和终端用户之间联系的通道，设于人行道下，管线为通信、有线电视、电力、燃气、自来水等，结构断面以矩形居多。特点为有效断面较小，施工费用较少，系统稳定性和安全性较高。

支线综合管廊

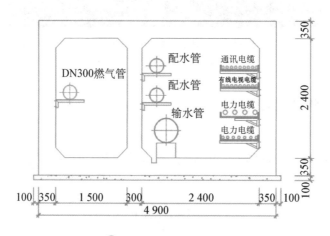

图1-7 支线综合管廊

（3）缆线综合管廊

埋设在人行道下，管线有电力、通信、有线电视等，直接供应各终端用户。其特点为空间断面较小，埋深浅，建设施工费用较少，不设有通风、监控等设备，在维护及管理上较为简单。

缆线综合管廊

图 1-8 缆线综合管廊

2. 按断面形式分类

城市综合管廊根据其断面形式分类,大多分为矩形结构和圆形结构,一般是根据纳入的市政管线种类、数量、施工方法、地下空间情况和当地的经济情况等进行设计。

矩形断面

（1）矩形断面

矩形断面的优点是建设成本低、利用率高、保养维修操作和空间结构分割容易、管线敷设方便,一般适用于新开发区、新建道路等空旷的区域。

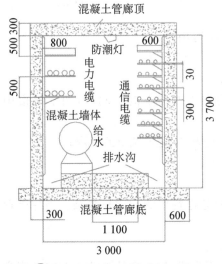

图 1-9 单舱综合管廊断面图

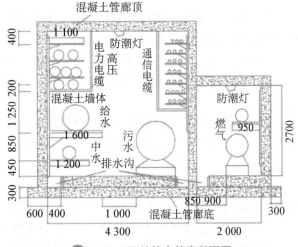

图 1-10 双舱综合管廊断面图

圆形断面

（2）圆形断面

一般用于支线型市政综合管廊和缆线型市政综合管廊。

优点:可以在繁华城区的主干道和穿过地铁、河流等障碍时采用盾构掘进的施工方法进行施工,这样可以减少对人们日常生活和交通的影响,保护了市容环境。

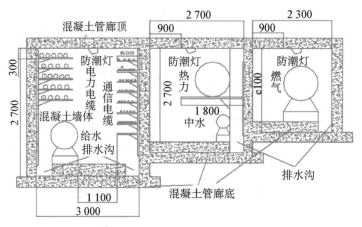

图 1-11　三舱综合管廊断面图

缺点:比矩形断面的利用率低,建设成本较高,而且容易产生不同市政管线之间的空间干扰,增加了工程造价成本和各管线部门之间的协调难度。

1.1.5　综合管廊的优缺点

1. 综合管廊的优点

(1) 综合管廊建设可避免由于敷设和维修地下管线频繁挖掘道路而对交通和居民出行造成影响和干扰,保持路容完整和美观;

图 1-12　圆形综合管廊断面图

(2) 降低了路面多次翻修的费用和工程管线的维修费用,保持了路面的完整性和各类管线的耐久性;

(3) 便于各种管线的敷设、增减、维修和日常管理;

(4) 由于综合管廊内管线布置紧凑合理,有效利用了道路下的空间,节约了城市用地;

(5) 由于减少了道路的杆柱及各种管线的检查井、室等,优化了城市的景观;

(6) 由于架空管线入地,减少了架空线与绿化的矛盾。

2. 综合管廊的缺点

(1) 建设综合管廊一次投资昂贵,而且各单位如何分担费用的问题较复杂。当综合管廊内敷设的管线较少时,管廊建设费用所占比重较大。

(2) 由于各类管线的主管单位不同,统管理难度较大。

(3) 必须正确预测远景发展规划,否则将造成容量不足或过大,致使浪费或在综合管廊附近再敷设地下管线,而这种准确的预测比较困难。

(4) 在现有道路下建设时,现状管线与规划新建管线交叉造成施工上的困难,增加工程费用。

(5) 各类管线组合在一起,容易发生干扰事故,如电力管线打火就有引起燃气爆炸的危险,所以必须制定严格的安全防护措施。

▐▶ 1.1.6　城市综合管廊建设现状

1. 国外发展概况

在城市中建设地下管线综合管廊的概念,起源于十九世纪的欧洲,至今已经有近 196 年的发展历程。经过百年来的探索、研究、改良和实践,其技术水平已完全成熟,并在国外的许多城市得到了极大的发展,已成为国外发达城市市政建设管理的现代化象征和城市公共管理的一部分。下面简要介绍一下国外地下综合管廊的发展历程和现状:

(1) 法国

巴黎综合管廊源自巴黎下水道,在 19 世纪中期巴黎爆发大规模霍乱之后,设计了巴黎的地下排水系统,当时的设计理念是提高城市用水的分布,将脏水排出巴黎,而不再是按照人们以前的习惯将脏水排入塞纳河,然后再从塞纳河取得饮用水。

图 1-13　1820 年的巴黎下水道

图 1-14　1854 年的巴黎下水道

图 1-15　1890 年的巴黎下水道

图 1-16　巴黎综合管廊

1832 年,巴黎人结合巴黎下水道的富裕空间,开始建设世界上第一条综合管廊,综合管廊内容纳了自来水、通讯、电力、压缩空气管道等市政公用管道。1833 年,法国巴黎诞生了世界上第一条地下管线综合管廊。

近代以来,巴黎市逐步推动综合管廊规划建设,在 19 世纪 60 年代末,为配合巴黎市副中心的开发,规划了完整的综合管廊系统,并且为适应现代城市管线的种类多和敷设要求高等特点,把综合管廊的断面修改为矩形。迄今为止,巴黎市区及郊区的综合管廊总长已达 2100 公里,堪称世界城市里程之首。法国已制定了在所有有条件的大城市中建设综合管廊的长远规划,为综合管廊在全世界的推广树立了良好的榜样。

（2）英国

英国同法国类似,早期以下水道建设为主,随后开始在伦敦兴建综合管廊,综合管廊内容纳了自来水、通讯、电力、燃气管道、污水管道等市政公用管道。

图 1-17　伦敦下水道

图 1-18　伦敦综合管廊

（3）德国

德国同样如此,汉堡 1893 年开始兴建综合管廊,综合管廊内容纳了自来水、通讯、电力、燃气管道、污水管道、热力管道等市政公用管道。

图 1-19　德国综合管廊

图 1-20　市政工作人员地下管网内的"皮划艇"上班方式

在德国第一条综合管廊兴建完成后发生了使用上的困扰,自来水管破裂使综合管廊内积水,当时因设计不佳,热水管的绝缘材料,使用后无法全面更换。沿街建筑物的配管需要以及横越管路的设置仍发生常挖马路的情况,同时因沿街用户的增加,规划断面未预估日后的需求容量,而使原兴建的综合管廊断面空间不足,为了新增用户,不得不在原共同沟外之道路地面下再增设直埋管线,尽管有这些缺失,但在当时评价仍很高,至 1970 年共完成 15 公里以上的综合管廊并开始营运,同时也拟定在全国推广综合管廊的网络系统计划。

（4）日本

1923 年日本关东大地震后,首先在部分城市开始城市综合管廊的建设,为便于推广,他们把综合管廊的名字形象地称之为"共同沟",并从欧洲进口的成套先进技术,大大提高了日本在管廊方面的建设速度和建设规模。1963 年,日本政府出台《共同沟特别措施法》,同年 10 月又颁布"实施细则",将城市

综合管廊关于出资、建设技术等方法和行为用法律的形式进行规定,从根本上解决了日本预制综合管廊"建设、管理和费用分摊"等相关问题。1981 年佐藤秀一出版的《日本共同沟》一书,较为系统地论述了综合管廊的设计理论,将日本的管廊规划、设计经验进行了系统的介绍。截止到 2015 年,日本东京、大阪、名古屋等将近 80 个城市已经修建了总长度超过 2057 公里的地下综合管廊,其中 90％为预制结构,已经基本没有现浇管廊的施工做法。

图 1-21　日本综合管廊

（5）美国

美国自 1960 年起,即开始了综合管廊的研究,在当时看来,传统的直埋管线和架空缆线所能占用的土地日益减少而且成本愈来愈高,随着管线种类的日益增多,因道路开挖而影响城市交通,破坏城市景观。研究结果认为,从技术上、管理上、城市发展上、社会成本上看,建设综合管廊都是可行且必要的。1970 年,美国在 White Plains 市中心建设综合管廊,其他如大学校园内,军事机关或为特别目的而建设,但均不成系统网络,除了煤气管外,几乎所有管线均收容在综合管廊内。

2. 国内发展概况

综合管廊工程在我国国内起步相对较晚,但随着近年全国掀起的以改善民生为目标的新一轮城市建设热潮,我国逐步进入城市综合管廊规划建设快速发展时期,越来越多的大中

城市已开始着手综合管廊的规划和建设：

（1）北京

1958 年北京市在天安门广场建设了一条长 1076 m 的综合管廊,管廊内敷设了热力、电力、通信及给水等四种管线,开创了国内地下综合管廊建设的先河。截至目前,北京已建设有多条综合管廊,典型项目有:

① 中关村西区综合管廊项目

2005 年建成,采用五舱结构,设计断面 12.5 m×2.2 m,全长 1.9 km。管廊中收纳的管线有给水、再生水、热力、电力、电信、冷冻水、燃气。

图1-22　中关村西区综合管廊

② 北京未来科技城综合管廊项目

四舱结构,总投资约 7.1 亿元。管廊收纳 220 kV、110 kV 和 10 kV 电力电缆、2 - DN900 热力、DN600 给水、DN900 再生水、24 孔电信等管线。

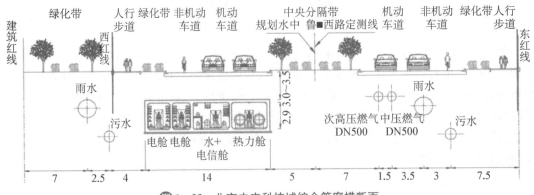

图1-23　北京未来科技城综合管廊横断面

临时监控中心
水信舱
热力舱
热力舱
电力舱
电力舱
水信舱
热力舱

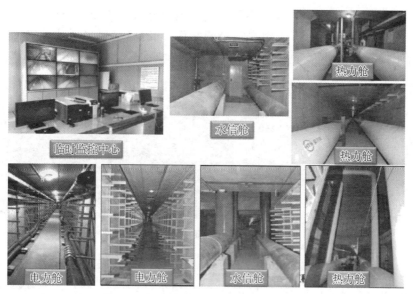

图 1－24　北京未来科技城综合管廊舱室

③ 通州运河核心区北环环隧综合管廊项目

位于北环交通环形隧道下方，与环形隧道共构结构，全长 2.3 km。综合管廊为双层结构，主沟尺寸为 14.15 m×2.8 m，入廊管线涵盖 110 kV、10 kV 电力、DN400 给水管、DN300 再生水管、24 孔电信、4 孔有线电视、2－DN500 热力管和 DN500 气力垃圾输送管，并预留管位。属于干支线混合综合管廊。

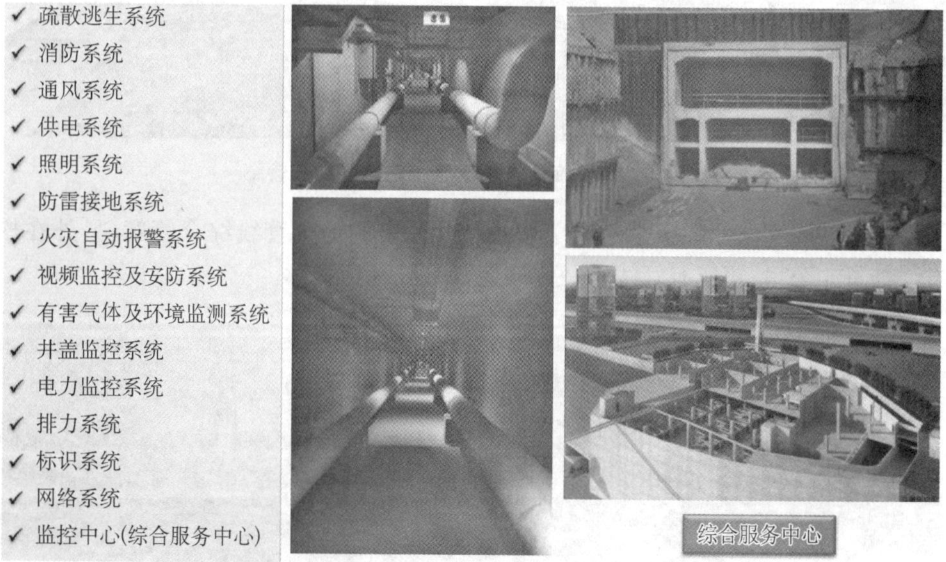

✓ 疏散逃生系统
✓ 消防系统
✓ 通风系统
✓ 供电系统
✓ 照明系统
✓ 防雷接地系统
✓ 火灾自动报警系统
✓ 视频监控及安防系统
✓ 有害气体及环境监测系统
✓ 井盖监控系统
✓ 电力监控系统
✓ 排力系统
✓ 标识系统
✓ 网络系统
✓ 监控中心(综合服务中心)
综合服务中心

图 1－25　通州运河核心区北环环隧综合管廊

(2) 上海

1978 年 12 月 23 日，宝钢在上海动工兴建。被称之为宝钢生命线的电缆干线和支干管线大部分采用了综合管廊方式敷设，埋设在地面以下 5～13 m。

1992 年上海浦东大开发,在浦东新区张杨路着手建设国内第一条现代化的综合管廊,综合管廊沿道路两侧同时敷设,采用双室箱涵断面,同时将易燃易爆的燃气管道也容纳在内。综合管廊投资达 3 个亿,1994 年土建竣工,2001 年配套全部结束,全长 11.125 公里。

图 1-26　上海城市综合管廊

1994 年,上海浦东新区张杨路人行道下建造了二条宽 5.9 米,高 2.6 米,双孔各长 5.6 公里,共 11.2 公里的支管综合管廊,收容煤气通信、给水、电力等管线。浦东新区张杨路综合管廊是我国第一条较具规模并已投入运营的综合管廊。

图 1-27　上海浦东新区张杨路地下综合管廊

上海的嘉定安亭新镇地区也建成了全长 7.5 公里的地下管线综合管廊,另外在松江新区也有一条长 1 公里,集所有管线于一体的地下管线综合管廊。

图 1-28　上海安亭新镇—国内第一条网络化综合管廊工程

　　此外,2007 年,为推动上海世博园区的新型市政基础设施建设,避免道路开挖带来的污染,提高管线运行使用的绝对安全,创造和谐美丽的园区环境,建设了一条总长约 6.4 km 的综合管廊,容纳了 3 种管线,除传统的现浇整体式综合管廊(长 6.2 km)之外,尝试了世界上较为先进的预制综合管廊(长 0.2 km)技术。该管廊是目前国内系统最完整、技术最先进、标准最完备、职能定位最明确的一条综合管廊,以城市道路下部空间综合利用为核心,围绕城市市政公用管线布局,对世博园区综合管沟进行了合理布局和优化配置,构筑服务整个世博园区的骨架化综合管沟系统。

图 1-29　上海世博会园区综合管廊－我国第一条预制装配式综合管廊工程

（3）广东

　　2010 年,广东省珠海市横琴新区开工建设国内首个系统的区域性综合管廊,是当时国内规模最大、一次性投入最高、建设里程最长、覆盖面积最广、体系最完善的综合管廊。管廊内平面布置呈"日"字形,分为单舱式、双舱式和三舱式,内部容纳给水、电力、通信、再生水、冷凝水、真空垃圾管、有线电视等管线,是国内容纳管线种类最多的综合管廊。住房和城乡建设部将该工程作为综合管库的样板工程向全国推广。

图 1-30　珠海横琴新区环岛综合管廊

3. 其他城市

　　除上述城市以外,天津、武汉、宁波、深圳、兰州、重庆等大中城市都在积极的规划设计和建设地下综合管廊项目。

其他城市综
合管廊案例

任务小结

在城市中建设地下管线综合管廊的概念,起源于 19 世纪的欧洲,首先出现在法国。经过百年来的探索、研究、改良和实践,其技术水平已完全成熟,在国外的许多城市得到了极大的发展,已成为国外发达城市市政建设管理的现代化象征,以及城市公共管理的一部分。建设地下管廊,实现城市基础设施现代化,达到地下空间的合理开发利用已成为共识。近年来,我国许多城市都在积极创造条件规划建设综合管廊,特别是在规划和有序建设中的新区,如深圳中心区、安亭新镇、松江大学城、广州大学城、昆明呈贡新区、宁波东部新城、沈阳浑南新城等几乎全部规划建设了综合管廊。在城市地下空间综合开发中整合规划建设综合管廊已成为明显的趋势。

综合管廊:建于城市地下用于容纳两类及以上城市工程管线的构筑物及附属设施。管廊是统筹建设管理地下管线的新模式,是给管线建一个共同的"房子"。综合管廊主要由综合管廊主体和综合管廊附属设施构成,根据其所容纳管线等级和数量分为干线综合管廊、支线综合管廊和缆线综合管廊,根据其断面形式分类,大多分为矩形结构和圆形结构。

课后任务及评定

1. 名词解释
综合管廊

2. 填空题
(1) 日本把综合管廊的名字形象地称之为_____。

(2) 中关村西区综合管廊项目,2005 年建成,采用五舱结构,管廊中收纳的管线有给水、_____、热力、电力、_____、冷冻水、_____。

(3) 城市综合管廊主要由_____和_____构成。

(4) 城市综合管廊根据其所容纳管线等级和数量可分为三种:_____、_____、_____。

3. 简答题
(1) 城市综合管廊的建设意义有哪些?

(2) 城市综合管廊主体结构包括哪些部分?

(3) 城市综合管廊附属设施包括哪些部分?

任务 1.1

课后习题答案

任务 1.2　城市综合管廊建设模式

工作任务

了解掌握城市综合管廊建设模式。

具体任务如下:

(1) 了解掌握城市综合管廊建设模式;

(2) 了解城市综合管廊工程造价控制措施。

工作途径

《城市综合管廊工程技术规范》(GB 50838—2015);

城市综合管廊建设模式选择案例。

任务单 1.2

成果检验

(1) 对照任务单完成课前预习、课中考核及分工协作,完成课后习题自测;

(2) 本任务采用学生线上自测及教师线下评价综合打分。

用经济学的方法可以将物品分为三类:公共物品、私人物品和准公共物品。公共物品一般由政府供给,其在生产经营上具有垄断性;私人物品指的是由私人提供,采用市场化的运作方式进行经营与管理,通过直接向消费者收费来获取一定的收益;准公共物品介于两者之间,可以由政府供给也可以由社会资本提供,在采用市场化的方式进行运作时,不仅靠直接向消费者收费还靠政府给予一定的支持与补助。综合管廊就属于准公共物品,它既要满足为人民生活提供公共服务的要求,又要满足投资者获得一定收益的要求。如果像公共产品一样,由政府出资建设,建设成本高,会对政府造成较大的财政压力,在经济下行压力大的情况下,各地管廊建设的积极性低;但是又不能像私人产品一样,完全遵循市场资源配置的办法,一定程度上会影响其提供公共产品的质量与效率。所以综合管廊最好采取市场化运营加政府监督的形式,并在一定数额的使用者付费的基础下政府给予一定的财政补贴。

1.2.1 我国管廊工程的建设模式

综合管廊建设具有一次性投资大、周期长、收益慢等特点,采取何种投融资方式对于投资回收、推动综合管廊建设具有非常大的影响。目前国内已建的综合管廊项目投融资模式主要为政府投资模式、管线单位与政府合作投资模式和政府与社会资本合作(PPP)模式。

1. 政府投资模式

综合管廊是市政公共基础设施,国内外在综合管廊的建设初期都是利用政府财政资金进行投资建设,该模式又细分为:政府直接出资,政府财政承担整个综合管廊建设及主体设施和附属设施的全部投资资金,在综合管廊建设完成之后,政府对管廊设施拥有所有权并负责运营、承担运营费用;由政府的投资公司出资,通常为国有全资或国有控股企业负责投资建设综合管廊(或成立综合管廊项目公司投资建设),资金由政府或其投资公司、项目公司通过财政拨款、银行贷款或财政专项资金划拨等方式筹集,综合管廊建成之后,投资公司或项目公司拥有综合管廊设施所有权并负责运营管理。

政府出资建设综合管廊能够有效防范整个建设过程中可能出现的风险,并有效保证了政府对综合管库设施的全盘控制权,实现了综合管廊投资建设、运营管理的稳定性,但同时风险和责任也由政府全权负责。

2. 管线单位与政府合作投资模式

该模式分为两种:管线单位与政府投资公司合作,共同成立综合管廊项目公同,由项目公司负责综合管廊投资建设及运营,投资资金由政府财政及管线单位共同出资注入项目公司,出资不足部分由项目公司对外融资获得;由管线单位与政府合作,共同出资建设综合管廊,并通过协议对综合管廊设施的所有权、运营权及相关收益和费用的分担做出约定。

3.政府和社会资本合作(PPP)模式

PPP是政府与社会资本为提供公共产品或服务而建立的全过程合作关系,以授予特许经营权为基础,以利益共享和风险共担为特征,通过引入市场竞争和激励约束机制,发挥双方优势,提高公共产品或服务的质量和供给效率。

(1)PPP模式的分类

PPP项目可以分为外包类、私有化类以及特许经营类,根据不同的操作方式,每一类又包括多种不同的形式。

外包类PPP项目是指工程由政府投资,社会资本承担项目的一项或几项工作,社会资本获取收益的方式就是政府付费,社会资本所承担的风险也比较小,其主要包括外包服务、管理合同、设计建设、设计建设维修、设计建设运营以及委托运营等。

私有化类PPP项目是指工程的投资由社会资本承担,项目的所有权也归社会资本享有社会资本通过使用者付费获取一定的利润。它主要包括建设拥有运营、建设开发经营、购买建设经营等几种方式。

特许经营类PPP项目是指社会资本承担部分或者全部投资,社会资本和政府签订协议,获取项目在特许经营期内的经营权,通过使用者付费以及政府提供的补贴获取收益。特许经营期结束后,社会资本按照合作规定,将项目移交给政府。其包括建设经营转移、建设转移经营、转移经营转移、改造经营转移等几种形式。

(2)PPP模式的选择

① BOT模式

BOT也称为"建设—运营—管理",是PPP项目中比较常用的一种操作方法。

如图1-31。在BOT模式下,政府与社会投资人签订BOT协议,由社会投资人设立项目公司具体负责地下综合管廊的设计投资、建设、运营,并在运营期满后将管廊无偿移交给

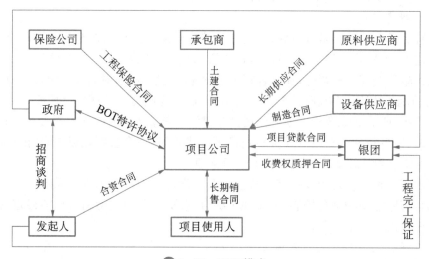

图1-31　BOT模式

政府或政府指定机构。运营期内,政府授予项目公司特许经营权,项目公司在特许经营期内向管线单位收取租赁费用,并由政府每年度根据项目的实际运营情况进行核定并通过财政补贴、股本投入、优惠贷款和其他优惠政策的形式,给予项目公司可行性缺口补助。

其中项目公司向管线单位收取的租赁费用可以包括两方面:一是管廊的空间租赁费用,如电力单位等管线铺设专业性要求较高的,可以租用管廊的空间,自行铺设和管理管线;二是管线的租赁费用,如供水、供热等单位可直接租用管廊内已经铺设好的管线进行使用,由项目公司进行维护和管理。

BOT模式适用于新建管廊项目,是现阶段我国综合管廊建设PPP项目的常见操作方式。六盘水、白银等管廊试点项目采用的就是这种运作模式。有的城市在BOT的基础上进行操作模式的变形,比如吉林省采用BOST(建设—运营—补贴—移交)的形式,强调了在运营过程中政府补贴的重要性。

② TOT模式

TOT模式的具体操作过程及方法与BOT类似,对于政府现有的存量项目,可以采用TOT模式进行运作。在TOT模式下,政府将项目有偿转让给项目公司,并授予项目公司一定期限的特许经营权,特许期内项目公同向管线单位收取租赁费并由政府提供可行性缺口补助,特许期满项目公司再将管廊移交给政府或政府指定机构。

在管廊建设中可以单独使用TOT模式,也可以将TOT与其他模式结合。比如石家庄正定新区综合管廊建设,采用TOT+BOT的模式,将已建管廊通过TOT模式交给社会资本,将新建的管廊项目通过BOT模式移交给社会资本。社会资本负责已建管廊的运营以及新建管廊的建设运营管理

③ BOO模式

在BOO模式下,政府与社会投资人签订BOO协议,由社会投资人设立项目公司具体负责地下综合管廊的设计、投资建设、运营,政府同时投资项目公司特许经营权,项目公司在特许经营期内向管线单位收取租赁费用,并由政府向其提供可行性缺口补助,特许期满后地下综合管廊的产权归项目公司所有.项目公司可以通过法定程序再次获得特许经营权,或将管廊出租给其他竞得特许经营权的经营者。

这种模式与其他两种相比,综合管廊项目的私有化程度较高。海口的管廊项目采用的就是BOO模式。这种模式的应用主要取决于政府可接受的管廊私有化程度以及社会资本的运营管理能力。

④ BLT模式(建设—租赁—移交)。

在BLT模式下政府与社会投资人签订BLT协议,由社会投资人设立项目公司具体负责地下综合管廊的设计投资、建设,建成后由项目公司租赁给政府或其指定实体,由政府负责经营和管理,政府向项目公司支付租赁费用。租赁期满后,项目公司将管廊移交给政府或政府指定机构。具体模式如图1-32。

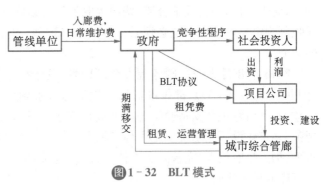

图1-32 BLT模式

（3）PPP 模式下的各类资金流。

① 地下综合管廊在 PPP 模式下进行建设的建设资金来源有：

a. 自有资金投入。

b. 中央财政补贴。

c. 地方财政补贴。

d. 政府股本金注入（如与政府合资组建项目公司）。

e. 银行贷款（允许特许经营权收费权和购买服务协议预期收益等担保创新类贷款业务）。

f. 地下综合管廊建设运营企业发行企业债券和项目收益票据，专项用于地下综合管廊建设项目。

g. 拟入管廊企业的资金前期支付。

② 地下综合管廊在 PPP 模式下进行建设的收益资金来源有：

a. 经营期间地方财政补助（含贷款贴息）。

b. 入廊企业所支付的租金（或政府租金）。各类管线日常维护费用。

d. 项目设计、咨询费用。

e. 项目施工利润。

f. 项目转让收益（经营期间转让该项目）。

g. 税收优惠。

（4）我国地下综合管廊 PPP 建设模式应用现状

我国综合管廊建设还处于起步阶段，管廊建设的 PPP 模式应用还比较单一，不成熟。管廊的建设应该创新 PPP 融资模式，结合地区经济特点采用不同的 PPP 项目操作方法，通过 PPP 模式的成功应用解决管廊建设资金不足的问题。

地下综合管廊产生的效益虽然很高，在我国也有二十多年的发展历史，但是并没有大规模的建设，主要有以下两方面原因。

① 资金成本巨大

建设地下综合管廊与传统的管线铺设方式相比，地下综合管廊的前期一次性建设费用比传统直埋形式的建设成本高出近一倍，后期的运营管理费用也高，且收益模式不明确。

② 缺乏法律监管

长期以来，我国市政管线已经形成了独立建设、独立管理的格局，这种模式与传统的直埋方式相适应，但地下综合管廊则要求管线能够统一规划、统一建设、统一管理。我国对管线单位开挖道路暂未有严格的法律限制，且对地下综合管廊的建设和管理的法律法规也不健全，对于产权归属、成本分摊、费用收取等与管廊运营直接相关的重要问题都没有规定，并无强制规定要求管线单位必须采用公共管廊埋线，这也造成了管线单位"各自为政"行铺设的局面。

2015 年 8 月 10 日，国务院办公厅印发《关于推进城市地下综合管廊建设的指导意见》（国办发〔2015〕61 号），部署推进城市地下综合管廊建设工作。该指导意见从统筹规划、有序建设、严格管理和支持政策等四方面提出了十项具体措施，包括编制专项规划、完善标准规范、划定建设区域明确实施主体、确保质量安全、明确入廊要求、实行有偿使用.提高管理水平、加大政府投入、完善融资支持等，目标是到 2020 年建成批具有国际先进水平的地下综合管库并投入运营。

（5）其他建设模式介绍

除常见的 PPP 模式外，地下综合管廊还有一些其他的常用模式。下面对综合管廊建设中 ABS 模式、调节税收方式进行简要介绍。

① ABS 模式

ABS（Asset Backed Securitization）模式，即资产支持的证券化融资模式，该模式以地下空间开发项目的未来预期收益为保证，通过在国际资本市场上发行债券来筹集资金，其目的在于把原先信用等级较低的项目，利用提高信用等级的方式，使其有资格进入国际高档债券市场，并利用该市场信用等级高债券安全和流动性高、证券利率低的特点，大幅度降低发行债券筹集资金的成本。

ABS 融资模式，通过"真实销售""破产隔离""信用增加"等一系列技术处理后获取在国际高档债券市场进行低成本融资的权利。ABS 自身所具备的得天独厚的优势，主要表现在如下几个方面：a. 降低投资者的投资风险。ABS 通过在国际高档债券市场发行证券，其高信用等级使其具有较好的二级市场，投资者数量较多。相对于 BOT 而言，每个投资者所承担的风险较低。b. 有效实现了项目经营权与所有权的分离。c. 降低了融资成本。ABS 证券通过信用增级，使得原先一些流动性较差的资产组合后可以进入国际高档证券市场上发行那些易于销售、转让以及贴现能力强的高档债券，降低融资成本。同时 ABS 方式的运行完全按照市场规则进行，无须政府的许可、授权及外汇担保，可以减少中间环节，从而降低融资成本。

② 调节税收方式

政府还可以通过调节税收方式解决地下空间开发的投融资问题，譬如"税收递增财务安排"，这是近年来美国城市公共建设投融资的常用方式。城市政府先行投资对某一地区的基础设施进行建设或改造，完成后将该地区内的各项税率提高，增税至全部投资收回，或最多到 23 年为限。该方式的理由是基础设施的建设或改造，该地区的各行业均受益，因此有责任将收入增加部分以纳税的形式还给政府。由于只对该地区增税，城市其他地区不受影响，体现了公平原则。再如，加拿大蒙特利尔市政府正是通过税收等方法，不花政府一分钱，造出了全世界最大的地下城市。因为地下空间开发将带来极大的公共利益，我国城市政府可以考虑通过增加适当的税收来筹集地下空间开发所需要的费用，比如增收城市基础设施建设税或地下空间开发税，通过税收政策来筹集所需费用。

1.2.2　降低城市综合管廊工程造价措施

综合管廊建设一次性投资大，降低工程造价可以从以下 5 个方面着手。

1. 合理选用技术标准，灵活运用技术指标

标准选择是一项科学性极强、涉及因素十分广泛的工作，是综合管廊建设的前提。目前，我国已建成综合管廊的技术标准选择基本上是合理的，但个别项目还存在着总体定位不准、功能不清晰、确定方法程式化、具体运用僵化死板、动态设计理念不足、对现有综合管廊资源利用不充分等问题。这些问题不仅影响了综合管廊功能的发挥，也直接增加了综合管廊工程造价。我国幅员辽阔，各区域的社会、经济、文化水平及自然条件有较大差异。因此，综合管廊建设标准选择及指标运用必须具有灵活性，方能适应不同的建设环境。要做到这点，就必须深刻理解标准的内涵及各项指标值的适用条件，避免死套标准的教条做法，强调

灵活设计,做到"用心设计、细心设计、精心设计"。

2. 合理确定工程方案

合理确定工程方案,首先必须重视设计基础资料的调查、收集工作,如项目所在区域的地质、水文、生态、环保、各种运输方式的需求,建设用地等。要以节约为导向,确定具体工程方案。强调安全、适用、经济的基本原则,确保工程安全和功能要求。对于特大型综合管廊工程,要避免强调高标准和不符合项目建设环境的形象工程和政绩工程。

3. 优化细节设计

细节决定成败,在以往的设计中有时只重视主体工程,忽视细节,设计粗放,精细化程度不够。如对防护排水工程,安全设施标志、标线等细节不重视,导致问题积少成多,甚至带来大问题。细节问题不处理好,也会影响工程安全和综合管廊的经营质量。建立节约型社会的基本要求,就是要从细节入手。

4. 加大设计深度

已建成运营的综合管廊项目所出现的基础沉降、结构裂缝等问题,以及在建项目所出现的设计变更,除自然因素及施工不当外,有些也与设计深度不足有关,而处理所出现问题所付出的代价往往比建造费用还要高。加大设计深度首先要有合理的设计周期,要选择具有丰富经验的设计队伍,还要加大前期工作的投入,各级管理、审查部门及人员,应按照规范规程的要求,结合项目的特点,严格把关,以确保设计工作的深度。

5. 加强总体设计

综合管廊是铺设于大自然中的三维工程实体,面对着大自然中的各种复杂因素,综合管廊设计中的各类管线、主体结构物、附属结构等专业项目无不与这些复杂因素有关,而且这些专业项目之间也有着较强的内在联系,因此强调做好总体设计十分重要。

要做好项目总体设计,首先必须充分分析项目的特点,研究项目的重点、难点,提出总体设计思想,制定项目总体设计原则,在具体设计中,这种看似宏观而又有较强针对性的措施是项目成功的关键所在。要做好项目总体设计,必须特别强调各专业之间的协调性,以总体设计的思想及原则,衡量管线及结构物与地质条件之间,管线与结构物之间、管线与附属结构工程及沿线设施之间、主体构造物与附属构造物之间衔接的合理性。

▶ 1.2.3　综合管廊中 PPP 建设模式案例示范

1. 项目基本情况

某市综合管廊项目总投资 21.61 亿元,全长 42.39 km,覆盖全市主城区和部分新城片区。项目分三期建设完工,一期工程 6.33 km,二期工程 19.42 km,三期工程 16.64 km,入廊管线为供水管线、电力电缆、通信电缆以及根预留管线。项目投资规模大、运营周期长、有长期稳定的现金流收入,适合采用 PPP 模式,方便缓解政府财政资金压力,解决项目前期投资资金问题;另一方面通过引入社会资本发挥市场机制功能,提高项目运作和管理效率。项目已开工建设管廊 5.5 km,投资约 1.2 亿元,已建成部分为管廊箱体,不包括附属设施设备投资。

2. 项目协调机制

领导小组由市发改委、市财政局、市住建局、市物价局、市环保局、市国土局、市规划局、市公安局、相关职能部门等负责人组成。某市常务分管副市长任组长领导小组负责整个

PPP项目的统筹和决策,配合咨询机构尽职调研和资料搜集,建立协调推进机制保障项目积极稳妥推进。

发改委:负责项目立项投资方式、可行性研究等相关前期手续的审批;同相关部门筛选项目、审查方案、确定合作伙伴、批准确定采购方式等相关工作。

财政局:负责项目物有所值、财政承受能力评估论证、政府采购、年度和中期项目开发计划等工作。

住建局:负责项目申报、识别论证、项目准备、采购、监管等工作,负责对项目建设和运营期的绩效评估和监管工作。

规划局:负责综合管廊总体规划,对地下综合管廊的线路走向、位置、空间进行规划。

物价局:根据国家相关政策和指导意见,制定综合管廊收费依据和收费标准;制定各管线单位的收费类目收费价格;制定价格调整机制。

工信/水务部门:协调专业管线按需入廊。

城市管理部门:禁止单位对城市道路的非法占用和非法开挖,对不按要求入廊的单位和有损地下管廊安全的违法行为实施处罚。

领导小组授权市住建局为项目实施机构,负责项目申报、识别论证、项目准备、采购、监管等工作;负责项目实施方案、物有所值和财政承受能力评价报告、采购资格预审的评审报告、定期检测项目产出绩效指标以及其他相关材料等报财政部门备案;及时向领导小组报告工作进展情况。项目协调机制流程图如图1-33所示。

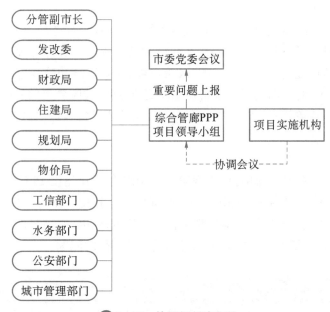

图1-33　协调机制流程图

3. 项目交易结构

(1) 交易结构和运作模式

项目采用BOT运作模式,由于综合管廊的社会效益突出,经济效益难以在短期内实现,至少需要50年或更长期限才能体现项目的经济效益,因此,项目特许经营期设定为50年。

项目的特许经营期分为三个阶段以解决大部分社会资本(承建商)不愿意承受太长期限的问题。

第一阶段为建设期。市政府授权该市城市建设发展有限公司(市城投)为政府方出资代表,市城投以项目一期资产作价,与社会资本(承建单位)按照一定比例共同出资设立项目公司,市政府授予项目公司50年特许经营权,由项目公司负责项目的建设、融资和运营管理。市政府通过发行管廊专项债对项目提供建设补贴。

第二阶段为运营回购阶段。为了让社会资本能够在后期运营中逐渐退出,市政府发起设立管廊运营基金,吸引其他社会资本参与项目运营。管廊运营基金主要用于在回购阶段逐年管理。回购社会资本(承建单位)的股份,以及用于项目日常运营管理。项目公司负责管廊的运营管理。

第三阶段为平稳运营阶段。管廊运营基金回购社会资本(承建单位)全部股份,且项目运营进入平稳期,项目特许经营期满,项目公司无偿将项目资产移交给市政府。

(2) 收益回报方式和收益分配

项目收益回报主要是使用者付费,即对管线单位收取的入库费和运营维护费。项目收益分配以项目收益为基础。项目收益是在项目收入支付运营成本、财务费用后的现金收入。项目现金收益优先分配给社会资本(承建单位)的股权收益;对于剩余的现金收益,按股权比例分配给政府方和管廊运营基金。管廊运营基金所获得收益中,政府方和社会资本按照基金募集说明中规定的收益分配机制再分配。

(3) 项目风险分配

按照风险分配优化、风险收益对等和风险可控等原则,综合考虑政府风险管理能力、项目回报机制和市场风险管理能力等要素,在政府和社会资本间合理分配项目风险。项目执行过程中,建设运营风险由社会资本承担,政策风险、回购风险和管线单位拒缴管廊使用费产生的风险由政府承担。[回购风险是指在建设期结束后,政府募集的管廊运营基金不能如期回购社会资本(承建单位)的股份,而社会资本强制性要求资金退出,致使项目公司出现较大资金缺口]。

4. 结语

BOT模式适用于新建管廊项目,是现阶段我国综合管廊建设PPP项目的常见操作方式。该项目采用BOT运作模式,但由于综合管廊的社会效益突出,经济效益难以在短期内实现,至少需要50年或更长期限才能体现项目的经济效益,因此,项目的特许经营期分为三个阶段可有效解决社会资本(承建商)不愿意承受太长期限的问题。

任务小结

综合管廊建设具有一次性投资大、周期长、收益慢等特点,采取何种投融资方式对于投资回收、推动综合管廊建设具有非常大的影响。要想全面推进综合管廊建设,就必须发挥市场机制在基础设施建设中的资源配置作用,鼓励和吸引社会资本进入综合管廊建设和服务市场。PPP模式是一种以参与各方实现"双赢"甚至"多赢"为合作理念的筹资模式,是目前综合管廊投资的主流模式。

课后任务及评定

1. 填空题

(1) 我国管廊工程的建设模式包括：_____、_____、政府和社会资本合作(PPP)模式。

(2) PPP 项目可以分为_____类、_____类、_____类。

(3) 除 PPP 模式外，地下综合管廊建设的其他模式有_____、_____。

2. 简答题

(1) 城市综合管廊有哪些优点？

(2) 降低城市综合管廊工程造价措施有哪些？

(3) 简述 BOT 模式的操作方法是什么？

任务 1.2

课后习题答案

项目 2   城市综合管廊勘测与规划

项目导读

城市综合管廊工程在规划、设计、施工前,应做好详细的地质勘察工作,评估不良地质条件对管廊建设造成的影响。然后按照"先规划、后建设"的原则,在地下管线普查的基础上,统筹各类管线实际发展需要,组织编制地下综合管廊建设规划,规划期限原则上应与城市总体规划相一致。结合地下空间开发利用、各类地下管线、道路交通等专项建设规划,合理确定地下综合管廊建设布局、管线种类、断面形式、平面位置、竖向控制等,明确建设规模和时序,综合考虑城市发展远景,预留和控制有关地下空间。

本项目从我国关于地下综合管廊建设规划现状解读开始,由浅入深逐步介绍城市综合管廊前期勘测的内容、建设区域基本概念、线路的分析布局以及综合管廊规划编制等知识。

学习目标

1. 了解地质构造及地质灾害,掌握勘测的主要内容及不同设计阶段地质勘察的目的和任务;

2. 掌握综合管廊建设区域概念及综合管廊线路分析、布局;了解综合管廊建设区域划定原则及影响因素;

3. 了解综合管廊规划的特点、含义;掌握综合管廊规划与其他规划的关系;

4. 结合城市综合管廊专项总体规划、专项详细规划编制案例(中新天津生态城综合管廊工程规划案例),掌握综合管廊规划编制程序及编制成果形式。

任务 2.1   城市综合管廊勘测

工作任务

了解掌握城市综合管廊勘测的基本内容。

具体任务如下:

(1)了解地质构造及地质灾害;

(2)掌握工程勘测的主要内容;

(3)了解不同设计阶段地质勘察的目的和任务。

工作途径

《城市综合管廊工程技术规范》(GB 50838—2015);

《城市综合管廊工程设计指南》。

任务单 2.1

成果检验

（1）对照任务单完成课前预习、课中考核及分工协作，完成课后习题自测；
（2）本任务采用学生习题自测及教师评价综合打分。

　　我国关于地下综合管廊的技术规范还比较欠缺，建设经验不足。中国地大物博，各个城市地质条件、土层性质都不一样，南北差异大，所以地下综合管廊建设难度大，需要考虑的涉及岩土工程方面的问题也不一样。

　　城市地下综合管廊在规划选线、地基条件、开挖深度、施工工艺、涉及的周边环境、地质条件上因地区不同而表现出很大的差异，涉及的岩土工程问题也不一样。规划、设计施工前，应做好详细的地质勘察工作，评估不良地质条件对管廊建设造成的影响。加强施工阶段的监测，力求做到信息化施工，及时发现问题，防患于未然，最终实现管廊建设的跨越式发展。

▶▶ 2.1.1　总体要求

　　综合管廊工程设计阶段的工程地质勘察应包括两个层次的任务。第一个层次的任务是充分了解区域工程地质条件，进行工程地质分区，研究区域内各种工程地质问题及其对拟建综合管廊工程的影响程度，合理选定管线方案；第二个层次的任务是查明工程建筑的场地地基条件，以便科学、经济、可靠地进行工程设计，确保工程建设、运营的安全。

　　工程地质勘察成果要经得起工程实践的检验必须做到勘察研究方法有效，勘察研究成果结论可靠，这在很大程度上取决于勘察方案。

▶▶ 2.1.2　区域地质构造及地质灾害

　　（1）断层

　　常见地质构造中，断层对管廊危害较大。对于跨断层管廊，目前并无明确的技术规范进行结构抗震设计，活动断层作用下管廊变形破坏一般发生在断层两侧，所以在管廊选线设计时，应尽量避免穿越断层；不能改线时，应考虑断层和地震综合作用下管廊的变形破坏模式，并提出应对措施。

　　（2）砂土液化

　　粉砂土抗剪强度消失丧失承载力，产生液化现象。管廊地基土液化后承载力消失，将发生液化沉陷，将对管廊工程造成极大破坏。对于液化沉陷，

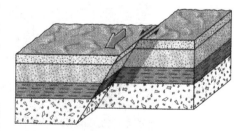

图 2 - 1　断层

现行规范规定了明确的处理措施。综合管廊工程按照乙类建筑物进行抗震设计。

　　（3）滑坡

　　在滑体上施工地下管廊需要开挖一条狭长的沟槽，形成临空面，使得原本欠稳定的边坡产生滑坡。管廊设计施工应进行详细的工程地质勘察，评价边坡稳定性，避免在滑动带埋设管廊；如确实不能绕开，对于欠稳定边坡，应对其进行加固治理，以提高其稳定性。

图2-2 土的液化

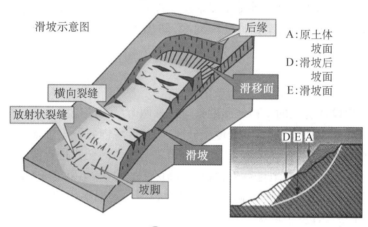

滑坡示意图

后缘

A:原土体坡面
D:滑坡后坡面
E:滑坡面

滑移面

横向裂缝

放射状裂缝

滑坡

坡脚

D E A

图2-3 滑坡

（4）湿软地基。湿软地基泛指天然含水量过大,孔隙率大、胀缩性高、具有湿陷性、承载能力低,在荷载作用下产生滑动或固结沉降的土质地基,如软土、泥沼、泥炭、湿陷性黄土、松

图2-4 软弱地基

散杂填土、膨胀土、海（湖）沉积土等。在这些湿软地基上修筑的管廊可能会因为过大的收缩沉降引起开裂沉陷甚至剪切破坏或产生其他病害，必须预先对地基进行必要的加固处理。软土分布情况对管廊不均匀变形影响很大，实际工程中，应做好前期地质勘察工作，计算地基不均匀沉降带来的影响。

2.1.3　管廊工程勘测的主要内容

勘察、设计与施工三者是基本建设工程的主要环节，它们相辅相成，构成基建的主要内容。勘察是为设计和施工而进行的可行性研究，其目的是查明工程地质环境，论证场地地基的稳定性，以确保工程的顺利进行和使用效果。

图 2 - 5　钻探

图 2 - 6　取样

1. 勘察前需掌握的资料

管线工程勘察一般进行一次性详勘。勘察前应收集的主要资料有：

（1）附有标明坐标、管线走向及与拟铺设管线有关的设施和现状地形等的管线工程总平面布置图。

（2）基底高程、管线类型、输送方式、管径设计示意图和可能采取的施工方案以及地下埋设物的分布情况等。

2. 勘察的主要内容和要求

室外管线工程要求查明沿线各地段的地质、地貌、地质结构特征，各类土层的性质及其空间分布，对管线地基进行工程地质评价，为地基基础和穿越工程设计、地基处理与加固、不良地质现象的防治、施工开挖与排水设计等提供工程地质依据和必要的设计参数，并对可能出现的岩土工程问题提出治理措施和建议。

2.1.4　不同设计阶段地质勘察的目的和任务

工程地质勘察是为了取得工程设计所需要的地质资料，依据各阶段设计内容，勘察工作的目的不同，内容也不仅仅是详细程度、工作量大小的差别。抓住各阶段勘察工作的重点，取得设计必需的地质资料，是最基本的要求，绝不可把重要的地质问题遗留到下一设计阶段解决：

1. 工程可行性研究阶段

工程可行性研究的任务是按照既定的综合管廊走向，选择合适的管线走廊，并研究工程实施的技术可行性和经济合理性。为了不因为存在特殊不良地质问题而造成突破工程投资、改变线路、工期拖延等困难,必须进行区域地质调查和灾害评估。

特殊不良地质问题的存在,一般具有地带性规律例如,黄土地区边缘地带的水土流失、崩塌、滑坡等问题;砂页岩、煤系地层分布地区的滑坡问题;石灰岩地区的岩溶、软弱地基问题;区域性断裂带内的斜坡稳定问题等。这个阶段,主要调查管线走廊范围内的区域地质格局,查找存在的特殊不良地质现象,了解特殊不良地质的分布和形成环境条件,初步判断其范围、规模和整治工程费用为研究管线走向和方案比选提供依据。提出的工作成果包括:

(1) 工程地质分区和评价;

(2) 沿线工程地质图;

(3) 特殊不良地质专项勘察报告。

这个阶段的勘察,一般通过踏勘调查即可完成。但是,对管线方案取舍起控制作用的特殊不良地质问题的整治方案应建立在基本性质确定、技术方案可行的基础上,在踏勘调查后仍然没有把握的情况下,必须安排必要的勘探工作。

2. 初步设计阶段

初步设计阶段的工程地质勘察有两个目的一是进行管线工程地质勘察,为管线方案设计提供地质依据;二是进行场地地质条件勘察,为工程方案设计提供基础地质依据。

(1) 管线工程地质勘察

应该明确认识到,一方面,绕避特殊不良地质并不是绝对的,整治还是绕避不良地质问题要根据技术可行性和经济性进行比较分析;另一方面,在一定的地质条件下某种类型的工程是适宜的。其他类型的工程就不适宜。不但管线线形设计需要掌握地质资料,而且沿线工程布置总体设计也要考虑到地质条件。所谓的地质选线,是指根据地质条件选择管线方案,也就是在掌握地质资料的基础上选线。为了保证管线方案合理,有效的做法应该是让管线人员在工程地质图上选线,而不是先拟定管线方案,再沿着既定的管线补充地质资料。

(2) 建筑场地勘察

初步设计是工程方案设计,工程地质勘察的任务一方面是选择合适的工程场址,另一方面是为选择工程结构类型提供地质依据。场地稳定性问题是本阶段的工作重点。如果遗漏场区内存在受灾害威胁或者失稳的问题,可能会导致工程重大变更。在特定的工程地质条件下,某些工程结构类型是适宜的,另一些类型可能是不适宜的。例如,跨越活动断裂带的综合管廊选择隧道结构最合适,箱形结构的综合管廊的地基沉降变形的要求要高一些综合管廊的地基稳定性更是至关重要。

(3) 特殊不良地质勘察

要绕避或整治特殊不良地质,必须明确其可知性和可治性。也就是说,要查明问题的基本性质(范围规模、成因类型、危害程度)和研究其工程整治的技术可行性(技术可靠性、经济合理性),就应该调查场区所在山坡的地形地貌、地质构造、岩土结构和水文地质条件,明确危害在地质背景格局中的位置,并据此判断问题的发展规模和产生的后果,针对危害的生成条件和主要因素,确定防止危害发生和发展的技术途径。必须强调指出,在初步设计阶段要做到设计方案可靠,并应该完成查明特殊不良地质的主要勘察工作,施工图设计阶段则是补充查明整治工程实施的地质条件。

3. 施工图设计阶段

施工图设计阶段是工程结构设计,工程地质勘察的目的是复查确认初步勘察成果,取得工程设计所需要的岩土参数。本阶段工程地质勘察的重点是查明具体工程部位的地质条件,提供工程设计所需要的岩土参数。值得强调的是,在对地质问题的评价和确定岩土参数时,必须充分考虑环境条件的变化和工程实施对地质条件的改变。

任务小结

勘察、设计与施工三者是基本建设工程的主要环节,它们相辅相成,构成基建的主要内容。勘察是为设计和施工而进行的可行性研究,其目的是查明工程地质环境,论证场地地基的稳定性,以确保工程的顺利进行和使用效果。依据各阶段设计内容,勘察工作的目的不同,内容也不仅仅是详细程度、工作量大小的差别。工程可行性研究阶段必须进行区域地质调查和灾害评估;初步设计阶段的工程地质勘察有两个目的一是进行管线工程地质勘察,为管线方案设计提供地质依据;二是进行场地地质条件勘察,为工程方案设计提供基础地质依据;施工图设计阶段,工程地质勘察的目的是复查确认初步勘察成果,取得工程设计所需要的岩土参数。

课后任务及评定

1. 名词解释

(1) 湿软地基

2. 填空题

(1) 基本建设工程的主要环节包括:_____、_____、_____。

(2) 影响地下综合管廊的地质灾害主要有:断层、_____、_____、湿软地基。

3. 简答题

(1) 综合管廊工程设计阶段的工程地质勘察,应包括哪两个层次的任务?

(2) 初步设计阶段的管线工程勘察的主要内容和要求是什么?

(3) 初步设计阶段的场地地质条件勘察的任务是什么?

任务 2.1

课后习题及答案

任务 2.2　城市综合管廊规划

工作任务

掌握综合管廊建设区域的概念及线路分析;了解综合管廊专项规划的基本概念,掌握综合管廊专项规划基本内容及编制方法。

具体任务如下:

(1) 掌握综合管廊建设区域概念、分类、划定原则及影响因素;

(2) 掌握综合管廊线路分析及布局;

（3）了解综合管廊专项规划的含义、特点及与其他规划的关系；

（4）掌握综合管廊专项规划的编制程序和成果形式；

（5）学习专项总体规划编制指引、专项详细规划编制指引。

工作途径

《城市综合管廊工程技术规范》（GB 50838—2015）；

《城市综合管廊工程工程设计指南》；

《城市地下综合管廊工程规划编制指引》。

任务单 2.2

成果检验

（1）对照任务单完成课前预习、课中考核及分工协作，完成课后习题自测；

（2）本任务采用学生习题自测及教师评价综合打分。

2.2.1 综合管廊建设区域分析

1. 建设区域概念及分类

综合管廊的建设区域分析是综合管廊规划的重要部分，也是综合管廊规划中的难点。2015 年 5 月由住建部印发的《城市地下综合管廊工程规划编制指引》中要求管廊工程规划应合理确定管廊建设区域。

按照《城市地下综合管廊工程规划编制指引》中的要求，管廊工程规划应该合理确定管廊建设区域和时序，划定管廊空间位置、配套设施用地等三维控制线，纳入城市黄线管理。根据该指引，敷设两类及两类以上管线的区域可划为管廊建设区域。高强度开发区和管线密集地区应划为管廊建设区域。

2. 综合管廊建设区域划定原则

结合综合管廊布局规划经验的分析和总结，综合管廊规划应从现状用地情况、区域功能结构、用地功能布局、建筑密度分区、地下空间利用规划、城市更新规划、管线需求密集区域等几个因素进行考虑，综合管廊建设区域划定的原则可分为以下几个方面：

（1）高强度开发区—城市核心区、中央商务区。城市核心区、中央商务区的建筑密度高、人口密集，交通繁忙，道路通畅要求高，经济和社会地位高，若因管线事故、频繁的管线扩容造成路面开挖，会对城市的形象、经济等方面造成不利影响。

（2）地下空间高强度成片开发。地下空间高强度成片开发区一般与城市核心区、中央商务区存在一定的重叠，高强度、成片的地下空间开发给城市地下管线的敷设增加了难度，给城市综合管廊的建设带来了机遇。

（3）城市新建区和更新区。在城市新建区和更新区建设综合管廊具有一定的相似性，区内规划建设综合管廊遇到的阻碍较少，工程操作可行性高。结合城市新建和更新的时序推进综合管廊的建设可在一定程度上降低施工难度和造价。

（4）城市近期建设重点地区。城市近期建设的重点地区内的新建或改造道路工程，城市更新片区的整体拆除重建工程等，为综合管廊的近期实施提供了良好的条件，因此在近期规划部分，应重点结合城市近期建设地区。

（5）管线需求密集区域。根据《城市综合管廊工程技术规范》

百年大计
规划先行

（GB 50828—2015）和《城市地下综合管廊工程规划编制指引》的要求,管线密集地区应作为综合管廊的建设区域进行考虑,因此应在充分调研现状管线和规划管线需求的基础上,绘制管线密集的区域,作为分析管廊建设区位的重要条件之一。

综合考虑城市建设开发密度、资源条件、管线需求等相关因素对综合管廊建设区域条件进行评估,可分为两类区域:宜建区和慎建区,将城市建设区中管线需求高密度区和高密度建设区划为宜建区,慎建区又划分为地质条件慎建区和城市条件慎建区。在宜建区基础上根据新开发区、地下空间综合开发区、重点建设区域以及城市更新区等城市建设条件划分出优先建设区。如图2-7:

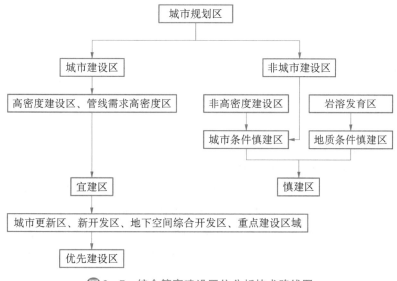

图2-7　综合管廊建设区位分析技术路线图

3. 相关因素

综合管廊建设区域的影响因素分为积极因素和消极因素两类。积极因素主要包括国家规范和成熟案例中总结出的适宜建设综合管廊的区域因素,消极因素主要包括生态控制区、地质条件不适合建设综合管廊的区域,具体如表2-1所示。

表2-1　建设区域影响因素分析表

积极因素	一级	城市建设密度	高强度开发区、高密度建设区,中心区、商务区和产业园区等
		管线敷设密度	规划新增管线、老旧管线改造
	二级	新开发区	新城建设、重点建设区域等
		城市更新	较大范围的城市更新、整体改造区
		地下空间开发	已规划的地下空间综合开发区
消极因素			城市生态控制区、低密度建设区
			没有计划改造的建设区等
			现状管线不宜改造区、非规划管线密集区
			地质条件不适宜

4. 综合管廊建设区域规划指引

（1）综合管廊建设的区域规划指引原则：

综合管廊建设的区域规划指引有"因地、因时、因势"的"三因"原则（图 2-8）。

① 因地：适宜在高密度区建设。

② 因时：建设时机很重要，尽量与轨道、路新建、道路改造、城市更新等大型城市基础设施整合建设。

③ 因势：与政府经济实力、推动力度及地下管线统一管理程度有很大关系。

建设时机：	建设区位：	政府实力：
● 轨道 ● 道路新建 ● 道路改造 ● 城市更新	● 高密度区 ● 核心区、中央商务区 ● 高强度成片集中开发区 ● 城市地下综合体	● 政府经济实力 ● 政府推动力度 ● 地下管线统一管理程度

图 2-8　综合管廊建设"三因"原则

（2）综合管廊建设总体指引

城市地下综合管廊建设应遵循以下指引：

① 在新建区域全面示范试点启动。在新区和重点建设区域，综合管廊可以与新建后改造道路一起建设，一步到位，大大降低综合管廊建设成本；新区管理体系完备，便于综合管廊统一规划、建设、运营和管理，可科学准确预测市政负荷，保证综合管廊容量合理性；新区路网结构清晰，路平直，综合管廊主干线和支线的布置，利于地下空间的统一开发，大提高新区城市建设品位。

② 在建成区重点结合电缆隧道、轨道交通、大面积城市更新等重大项目进行建设。在建成区建设干线或支线综合管廊，周边一般为现状高密度区，施工建设影响居民生活、商业气氛和城市交通等；旧城区地下管线交错密集，如果单独修建综合管廊，牵一发而动全身，工程浩大；施工期间，如何保证地下管网正常运行将是综合管廊建设的难题之一；在一定程度上浪费了已建地下管线的投资，管线管理难以统一；由于前期缺乏统一规划，与现状排水管渠竖向上协调工作量大。因此，在建成区重点结合电缆隧道、轨道交通、大面积城市更新等重大项目进行建设。

③ 在优先建设区重点考虑系统化建设。

④ 近期以政府投资为主，远期推广政府与社会资本合作模式（PPP），形成政府主导、社会参与的公共服务供给模式。

（3）优先建设区规划指引

综合管廊优先建设区发展策略如下：

① 重点建设区域率先试点示范，逐步实现新区综合管廊系统化建设。

② 利用大面积城市更新和片区整体改造的机遇，积极鼓励综合管廊建设。

③ 重视与道路、轨道、高压线下地及其余地下空间开发等整合建设，降低综合管廊建设成本。

④ 近期以政府投资为主，远期推广使用政府与社会资本合作模式（PPP）开展城市基础

投资建设和运营,形成政府主导、社会参与的公共服务供给模式。

（4）宜建区规划指引

适宜建设区主要位于城市主中心、城市副中心或组团中心。这些片区城市建设密度较高,新增管线需求较大,有建设综合管廊的需求,但受到一定设置条件的制约,可考虑在条件成熟时建设综合管廊。综合管廊宜建区的发展策略如下:

① 重点结合主要道路、轨道和高压线下地等工程进行综合管廊的建设;

② 可考虑结合新区开发和城市更新改造进行系统建设;

③ 重点考虑结合其余地下空间开发进行整合建设,以降低综合管廊建设成本;

④ 在条件制约的情况下,经过技术经济比较,可以分段分期逐步建设综合管廊,鼓励在管位紧张的区域采用缆线管廊的敷设方式。

（5）慎建区规划指引

慎建区为宜建区以外的城市建设区域,分为地质条件慎建区和城市条件慎建区。这些片区城市建设密度低,管线稀少,从区位和管线需求分析看不具备综合管廊建设的客观因素,但应推广缆线管廊的敷设。慎建区综合管廊发展的策略如下:

① 在建成度较高的城市条件慎建区,重点结合城市更新、轨道交通等重大项目进行建设。

② 在地质条件慎建区,如需建设综合管廊,应经过充分的必要性论证和安全评价,通过严格的经济技术比较,结合大型基础设施建设,同步建设干线或支线综合管廊。

（6）以北京市为例进行简单的案例分析

根据相关规划,北京市将综合管廊的建设按区域分为重点发展区、一般建设区和谨慎建设区。重点发展区结合道路、轨道交通、功能区、老旧小区改造等全面开展综合管理建设;一般建设区结合市政工程建设有选择地进行综合管廊建设;谨慎建设区一般不安排综合管廊建设项目。其中,北京市重点发展区包括:

① 城市中心区、商业中心、城市地下空间高强度成片集中开发区、重要广场,高铁、机场、港口等重大基础设施所在区域。

② 交通流量大、地下管线密集的城市主要道路以及景观道路。

③ 含轨道交通、地下道路、城市地下综合体等建设工程地段和其他不宜开挖路面的路段等。

北京市综合管廊建设重点区域(图 2-9)包括:新建及改建主、次道路;土地一级开发项

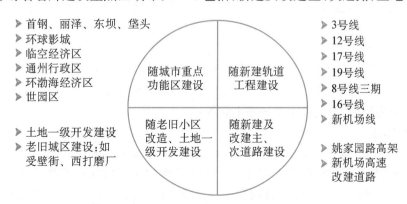

图 2-9　北京市综合管廊建设重点区域示意图

目城市重点功能区,结合地下空间利用建设综合管廊;结合轨道交通项目。

2.2.2 综合管廊线路布局分析

1. 综合管廊系统布置原则

（1）因地制宜

综合管廊的布局应综合考虑城市和开发密度、资源条件等相关因素,优先考虑适宜建设区域规划综合管廊。

（2）远近结合

综合管廊规划应符合城市总体规划要求,除考虑近期建设管廊需求外,应兼顾远景,预留远景发展空间。

（3）统一规划

综合管廊布局综合考虑各种需求因素,应与城市地下空间规划、工程管线专项规划及管线综合规划相衔接。

（4）依托时机

充分依托地下空间开发和重大基础设施建设时机建设综合管廊,如高压电缆通道、道路新建改建、地铁建设、地下空间开发等。

（5）统筹建设

综合管廊布局应集约利用地下空间,统筹规划综合管廊内部空间,协调综合管廊与其他地上、地下工程的关系。

2. 综合管廊建设线路确定因素分析

综合管廊建设时机非常重要,应尽量与轨道、道路新建、道路改造、新城建设以及旧城整体改造等大型城市基础设施整体建设,如果错失这些机会,实施综合管廊的可能性将会极其微小。

（1）选线区域

选线范围主要在宜建区内。但考虑各片区综合管廊系统的连通以及与电力隧道、轨道建设等基础设施共建的可能性,部分综合管廊可设置在宜建区外围附近。

（2）交通影响

对城市交通和景观影响重大的主次干道或快速干道,在其新建、改建、扩建或大修时,可以考虑建设综合管廊,这样可以大大提升城市的品质,减少因为市政管线开挖道路影响城市交通和景观。

（3）管道安全

保障管道安全是综合管廊建设的主要目的之一,规划中以保护市政干管为重点,保证系统安全,综合管廊内至少设置一根市政干管(如 DN500 及 DN500 以上给水管、110 kV 及110 kV 以上电力电缆、通信骨干管和主干管等)。

（4）管位需求

在一些管位相对紧张的路段可考虑建设综合管廊。长久以来,我国对于地下管线的间歇性投入并没有带来城市治理的长足进步。市政管理的各部门在管道敷设方面各行其是,地下管线的数量剧增却无序,地下管网犹如一座巨大的迷宫。因此,在这些管线种类较多、管位相对紧张的路段建设综合管廊,不仅大大节省城市地下空间,还便于对各种管线进行维护和管理。

（5）地下空间

综合管廊可考虑结合其他地下空间开发进行建设。为了避免重复开挖,保证地下空间的合理分配,综合管廊可考虑结合其他地下空间开发进行建设,如地铁地下商场、停车场、地下人防设施以及其他地下市政设施(如电力隧道、地下变电站等)。

（6）环境景观

环境景观要求高的城市区域是综合管廊路由选择的重要指标,如城市广场、景观走廊、景观大道、城市门户区域等。当然综合管廊人员出入口、强制通风口等附属设施需要露出地面,因构造特殊、间隔距离短而对城市道路景观有着重要的影响,因此建议对综合管廊工程构筑物进行设计时,应在满足使用要求的前提下,将其纳入街道景观、绿化小品等范畴进行系统规划和设计。

（7）经济可行性分析

经济可行性是评价综合管廊合理性的重要指标,虽然综合管廊敷设成本要高于各类管线独立直埋的成本,但从长远看,不仅可以节省增设、改造管线需要重复开挖道路的费用及因此造成的影响,而且可以延长管线的使用寿命,由此带来的效益远大于增加的成本。经济分析主要是对不同路由进行比较,一般管线越复杂、道路越繁忙,则综合管廊的效益越明显。

（8）周边用地功能

集中施工建设的公用地管线需求量大,使用单位更替较频繁带来管线增加、改造的概率较大,需要综合管廊来解决道路开挖的问题。

（9）其他基础设施建设

结合地铁建设、道路新建、道路改建、高压线下地以及地下空间开发等重大基础设施建设管廊,将大大节省投资。机场、车站、码头、立交桥、与河流及沟渠交叉口等困难路段可以通过综合管廊来解决。

3. 综合管廊布局方法及技术路线

综合管廊线路线位的确定应在现状道路交通和现状市政管线的基础上,结合城市用地功能布局、市政管线规划路由和道路交通规划布局,针对以下四种情况进行综合管廊布局规划。

（1）以电缆隧道规划路由为基础,结合其他市政管线需求,合理规划综合管廊路由。

（2）考虑和远期轨道同期建设,根据远期轨道方案,并分析其路由上其他市政管线规划情况,合理规划综合管廊路由。

（3）结合城市新建道路和各类市政主干管规划分布,合理规划综合管廊路由。

（4）对于城市现状道路,通过分析市政新增管线和旧管建设期限,进行综合管廊路由规划。根据以上四种情况,综合考虑环境、景观影响和经济因素,规划综合管廊路由初步方案,并通过各部门意见征求和专家咨询,科学合理确定综合管廊路由方案。综合管廊线路确定流程见图 2-10:

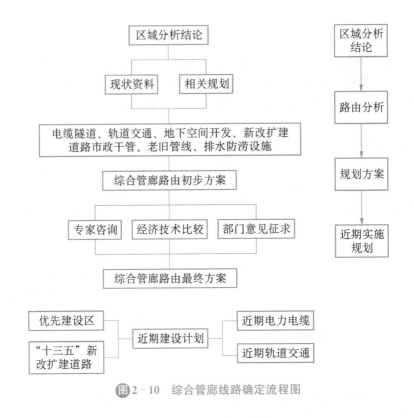

图 2-10　综合管廊线路确定流程图

2.2.3　综合管廊专项规划

1. 综合管廊专项规划的含义

（1）综合管廊专项规划的主要任务是根据城市发展目标和城市规划布局，结合地下空间道路交通以及各项市政工程系统的现状和规划情况，科学分析管廊建设的必要性和可行性；明确管廊建设目标和规模；划定管廊建设区域；明确管廊的系统布局；提出建设时序和投资估算；对管廊断面选型、三维控制线、重要节点控制、配套设施以及附属设施等提出原则性要求；并制定综合管廊的建设策略和保障措施。

（2）综合管廊专项规划分为总体规划和详细规划两个层次。

考虑综合管廊的系统性和整体性，综合管廊专项总体规划一般在市级或县、区级行政区围内进行干、支线综合管廊整体布局和系统构建，重点对管廊建设必要性和可行性、建设总目标和规模、管廊建设区域、入廊管线分析、管廊系统布局、建设管理模式及内容进行系统研究，是指导规划区综合管廊建设和管理的纲领性文件。

综合管廊专项详细规划一般在镇（或街道）级行政区、城市重点地区或特殊要求地区编制在较小的范围内对各类综合管廊（包括缆线管廊）路由、纳入管线、断面设计、配套设施、附属设施、三维控制线以及重要节点控制等内容进行详细研究，是规划综合管廊设计的直接依据。综合管廊规划编制体系框图如图 2-11 所示。

综合管廊专项总体规划、详细规划两个层面的相互关系是逐层深化、逐层完善的，是上层次指导下层次的关系，即综合管廊专项总体规划是详细规划的依据，起指导作用；而综合管廊专项详细规划是对总体规划的深化、落实和完善。同时下层次规划也可对上层次规划

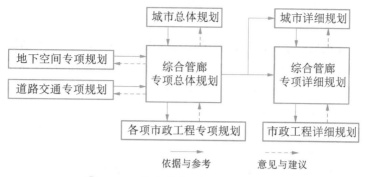

图 2 - 11　综合管廊规划编制体系框图

不合理的部分进行调整,从而使综合管廊规划更具合理性、科学性和可操作性。

　　2. 综合管廊专项规划的特点

　　综合管廊专项规划是城市规划的一部分,是城市管线综合规划、地下空间开发利用规划的重要内容,应当符合城市总体规划,坚持因地制宜、远近兼顾、统一规划、分期实施的原则。综合管廊专项规划具有如下特点:

　　(1) 综合性

　　综合管廊规划涉及面广,技术综合性强,需要与城市规划中各方面的关键性资源的战略部署相协调。规划又涉及国土资源、城建、市政等多个城市行政部门,并最终触及生态和民生,规划的难度和复杂性大大增加,因此要求规划人员应掌握相关专业技术,充分考虑各专业的特点和要求,建立规划的协调及审核机制,进行专家把关及多部门之间的沟通协作,广泛吸纳来自各方面的意见和建议,保证规划编制的科学性和可行性。

　　(2) 协调性

　　综合管廊规划不可能独立存在,需要充分考虑地面环境的前提下,科学预测建设规模慎重选择布局形式,合理安排建设时序,进而对地面空间布局及功能结构良性引导,实现城市的可持续发展。目前,国内在管廊建设规模、布局形态等方面已经进行初步探索,但仍需要加强管廊工程各专业系统之间的协调整合。

　　(3) 前瞻性

　　城市规划的一个固有属性就是规划的前瞻性。然而,管廊的规划建设不同于地面规划,具有很强的不可逆性,一旦建成很难改造和消除;同时管廊工程建设的初期投资大,运营和维护成本较高,而管廊建设对环境、防灾及社会等间接效益难以量化,这些都决定着管廊规划需要放开视野,立足全局,对有限的地下空间资源进行科学开发,合理安排建设规模和时序,并充分认识其综合效益,避免盲目建设,造成资源浪费。

　　(4) 实用性

　　在高度强调管廊规划前瞻性的同时,规划方案的实用性、可操作性也同样不容忽视。我国的实际经济发展和管廊投资建设方式、管理体制、产权机制及立法等相对不完善,这就决定了管廊规划建设的先天不足。虽然我国许多城市的人均 GDP 已经具备了大规模管廊建设条件,但只片面强调全面网络化的管廊布局模式,而不分析研究综合管廊建设背景和机制因素等,在我国现阶段未必可行。管廊规划要立足国情,如何构成体系,形成网络,研究适合国情的管廊建设模式,将是规划解决的重点。目前有城市将综合管廊与地铁、地下商业街等整合建设,以节省建设成本,巧妙地实现了管廊规划的实用性。

(5) 动态性

目前,我国管廊规划系统、完整、综合的设计方法及编制体系仍在不断探索中,这就决定需要通过实践积累经验来完善现有的规划理论并依据完善后的规划理论对新的规划实践进行更加行之有效的指导,形成良性的互动与反馈,使管廊规划在动态平衡中保持发展与前进。管廊规划不应追求最终的理想静止状态,应合理制定分期建设计划,并对原有规划不断审视修正,充分吸纳城市规划理念中的"弹性规划"、"滚动规划",将管廊规划实践为"一种过程"。

管廊规划涉及多个城市行政部门,很多情况需要通过出台相关政策、命令、法律法规的方式来保证管理权责的明晰、推动规划的执行;同时,在规划实施的过程中,为协调多方利益关系,规划本身必然制定相关的政策与法规以保障其顺利执行,提高规划的实用性与可操作性。然而,我国在综合管廊方面的政策、立法仍有欠缺,规划实施环节中还存在管理混乱、权属不清、缺乏配套政策及法律约束等问题,管廊规划任重道远,今后应在管廊规划实践中充分吸收多方意见,在规划编制中切实提出保障规划实施的政策性及法制性措施,最终推进管廊工程的管理及建设法制化。

3. 综合管廊专项规划与其他规划的关系

(1) 综合管廊专项总体规划与城市总体规划相匹配

其规划期限应与城市总体规划保持一致,依据城市总体规划确定的发展目标和空间布局,评价城市综合管廊建设的可行性和合理性,提出城市综合管廊建设的策略和目标,合理布局综合管廊系统的重大设施和路由走向,制定综合管廊主要的技术标准和实施措施,并对城市市政工程系统提出调整意见和建议。

(2) 综合管廊专项详细规划与城市详细规划相匹配

从综合管廊系统角度对城市详细规划中各市政专业规划进行分析。同时依据综合管廊专项总体规划和城市详细规划确定的用地布局,具体布置规划范围所有的综合管廊路由、配套设施及附属设施,提出相应的工程建设技术要求和实施措施。

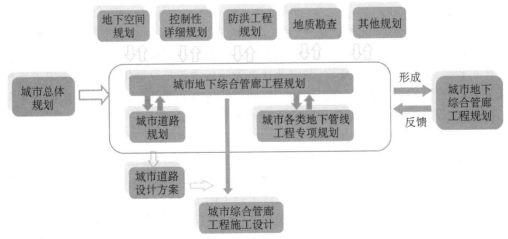

图 2-12　综合管廊规划在城市规划中的定位

（3）与现有规划的协调

与城市总体规划的协调。根据城市总体规划要求，统筹考虑综合管廊与用地布局、路网结构、人口规模、产业特点以及重点发展区域的关系。

与管线综合规划的协调。统筹考虑管线综合，根据管线位置、埋深和间距要求统筹敷设各级别道路管线，安排建设时序。

与市政专项规划的协调。根据道路、电力、通信、供水、燃气等市政设施规划的要求，统筹考虑综合管廊与各类基础设施的空间关系、规划建设的时序。

4. 编制程序

（1）工作程序

综合管廊专项规划一般包括前期准备、现场调研、规划方案、规划成果等 4 个阶段。

前期准备阶段是项目正式开展前的策划活动过程，需明确委托要求，制定工作大纲。工作大纲内容包括技术路线、工作内容、成果构成、人员组织和进度安排等。

现场调研阶段工作主要指掌握现状自然环境、社会经济、城市规划、专业工程系统的情况，收集专业部门、行业主管部门、规划主管部门和其他相关政府部门的发展规划、近期建设计划及意见建议。工作形式包括现场踏勘、资料收集、部门走访和问卷调查等。

规划方案阶段主要分析研究现状情况和存在问题，并依据城市发展和行业发展目标，确定综合管廊工程的建设目标，完成综合管廊系统布局，安排建设时序。期间应与专业部门、行业主管部门、规划主管部门和其他相关政府部门进行充分的沟通协调。

规划成果阶段主要指成果的审查和审批环节，根据专家评审会、规划部门审查会、审批机构审批会的意见对成果进行修改完善，完成最终成果并交付给委托方。

（2）编制主体

综合管廊专项规划应由城市规划管理部门单独组织编制或联合综合管廊主管部门共同组织编制。

（3）审批主体

综合管廊专项总体规划一般由市规划委员会或市政府审批，综合管廊专项详细规划建议由规划管理部门审批。

5. 成果形式

规划成果包括规划文本和附件，规划文本是对规划的各项指标和内容提出规划控制要求或提炼规划说明书中重要结论的文件；附件可包括规划说明书、规划图纸、现状调研报告和专题报告；其中现状调研报告和专题报告可根据需要编制。综合管廊系统专项总体规划应同步编制规划环境影响评价报告。

▶ 2.2.4　专项总体规划编制指引

1. 工作任务

以城市总体规划为依据，与道路交通及相关市政管线专业规划相衔接，确定城市综合管廊系统总体布局。合理确定入廊管线，形成以干线管廊、支线管廊、缆线管廊等不同层次主体，点、线、面相结合的完善的管廊综合体系，综合管廊路由规划方案至少要达到城市主、次干道路深度。同时提出管廊标准断面形式、道路下位置、竖向控制的原则和规划保障措施。

2. 资料收集

综合管廊专项总体规划需要收集的资料包括自然环境资料、经济社会情况、城市规划资料和各市政工程专业资料等。自然环境资料包括气象、水文、地质和环境资料等；城市经济社会资料包括经济发展、人口、土地利用和城市布局资料等；城市规划资料包括城市总体规划、分区规划、详细规划和其他相关规划资料等；各市政工程专业资料主要包括给水、排水、电力、通信、燃气、再生水、综合管廊规划和其他相关资料等（表2-2）

表2-2 综合管廊专项总体规划主要资料收集汇总表

资料类型	资料内容	收集部门
现状管网资料	◇ 现状市政管网普查资料 ◇ 旧管分布情况（注：旧管是指使用年限超过20年的市政管线） ◇ 现状综合管廊分布情况 ◇ 各部门对管线入廊的意愿调查	各管线单位 规划部门
规划管网资料	◇ 各市政专项规划资料 ◇ 市政主干管规划分布情况 ◇ 高压电力电缆下地规划情况 ◇ 防涝行泄通道（或大型排水暗渠）规划情况 ◇ 近期管网建设计划情况	各管线单位 规划部门
城市规划资料	◇ 城市总体规划资料 ◇ 密度分区规划资料，包括高密度开发区分布情况等 ◇ 城市地下空间规划资料，包括地下空间重点开发区域分布情况等 ◇ 近期建设重点片区分布情况 ◇ 城市更新区域分布情况 ◇ 城市近期建设规划情况	规划部门 发改部门
道路交通资料	◇ 现状道路（可不含支路）分布情况 ◇ 规划新建、改扩建道路（可不含支路）分布情况 ◇ 城市地下道路、轨道规划以及现状情况 ◇ 近期道路与轨道交通建设计划情况	道路部门 规划部门 发改部门
其他相关资料	◇ 地形图，1：1000～1：10000 ◇ 地质条件分布情况 ◇ 经济社会发展情况 ◇ 电力隧道、轨道、灌渠、道路等大型市政设施立项情况 ◇ 地下管线现状管理体制及规划设想 ◇ 综合管廊现状管理体制及规划设想 ◇ 地下管线、综合管廊、地下空间等相关法律法规 ◇ 综合管廊相关技术规范	地质部门 统计部门 规划部门 建设部门 发改部门

3. 文本编制内容

综合管廊专项总体规划文本内容包括：(1)总则；(2)依据；(3)规划可行性分析；(4)规划目标和规模；(5)建设区域；(6)系统布局；(7)管线入廊分析；(8)管廊断面选型；(9)三维控制线划定；(10)重要节点控制；(11)配套设施；(12)附属设施；(13)安全防灾；(14)建设时序；(15)投资匡算；(16)保障措施；(17)附表。

4. 图纸绘制内容

综合管廊专项总体规划图集宜包括三部分：规划成果图、规划分析图和规划背景图。其中规划分析图中部分图纸需要采用 GIS 数据分析技术生成。

（1）规划成果图

① 综合管廊建设区域指引图；② 综合管廊建设现状图；③ 综合管廊系统规划图（远期）；④ 综合管廊系统布局规划图（远景）；⑤ 综合管廊分期建设规划图；⑥ 配套设施（综合管廊监控中心)布局规划图（远景）；⑦ 综合管廊施工方法选择示意图（远期）；⑧ 综合管廊近期建设规划图；⑨ 综合管廊标准断面选型图；⑩ 综合管廊在市政道路下位置示意图；⑪ 重要节点竖向及三维控制示意图；⑫ 结合排水防涝设施建设综合管廊示意图；⑬ 对市政专项规划调整建议图。

（2）规划分析图

① 现状市政管线分布图；② 老旧市政管线分布图（GIS 分析）；③ 市政管线规划需求分布图（GIS 分析）；④ 电力系统地理接线规划图；⑤ 电力隧道规划方案图；⑥ 给水、电力、通信、燃气及再生水主干管规划图（GIS 分析）；⑦ 近期新建道路规划图；⑧ 新建地区规划图；⑨ 轨道交通线网制式选择示意图；⑩ 轨道交通线网分期建设方案图。

（3）规划背景图

① 土地利用现状图；② 土地综合利用规划图；③ 城市布局结构规划图；④ 建设用地布局规划图；⑤ 城市更新规划图；⑥ 密度分区指引图；⑦ 地下空间利用规划图；⑧ 城市道路系统现状图；⑨ 综合交通规划图；⑩ 城市道路系统规划图；⑪ 城市公共交通规划图；⑫ 给水工程规划图；⑬ 污水工程规划图；⑭ 雨水工程规划图；⑮ 能源布局规划图；⑯ 电力工程规划图；⑰ 通信工程规划图；⑱ 燃气工程规划图；⑲ 再生水工程规划图；⑳ 雨水行泄通道规划图。

5.说明书编制要求

综合管廊专项总体规划说明书主要内容包括：

（1）项目概述：主要包括规划背景、城市概况规划范围及期限、规划指导思想、规划原则、技术路线、规划目标和规模等；

（2）解读综合管廊：主要包括综合管廊定义、分类以及优缺点分析；

（3）综合管廊发展概况：介绍国内外综合管廊发展现状；

（4）相关规划解读：包括城市总体规划、道路交通专项规划、各市政专项规划、城市地下空间规划等；

（5）综合管廊必要性和可行性分析：根据城市经济、人口、用地、地下空间、管线、地质、气象、水文等情况，分析综合管廊建设的必要性和可行性；可建立技术经济评价体系对规划区进行总体评价；

（6）管线入廊分析：根据城市有关道路、给水、排水、电力、通信、广电、燃气、供热等工程规划和新(改、扩)建计划，以及轨道交通、人防建设规划等，确定入廊管线，分析项目同步实施的可行性，确定管线入廊的时序；

（7）综合管廊建设区域分析：根据城市建设、规划、发展情况和市政管线分布及需求情况，确定综合管廊建设的区域，并对建设区域进行分类，提出针对性的规划建设指引；

（8）综合管廊系统布局规划：根据城市功能分区、空间布局、土地使用、开发建设等，结合新改建道路、高压电力电缆下地、轨道建设、排水暗渠、地下空间开发等因素，确定综合管廊的系统布局和类型等；提出对各专项规划的调整建议，并确定结合排水防涝设施建设综合

管廊的规划线路方案;

（9）综合管廊断面选型:根据入廊管线种类及规模、建设方式、预留空间等,重点确定近期规划管廊分舱、标准断面形式及控制尺寸等;

（10）三维控制线划定:提出综合管廊的规划平面位置和竖向规划控制要求,引导综合管廊工程下一步详细规划或设计;

（11）重要节点控制:提出综合管廊与地下道路轨道交通、地下通道、人防工程及其他地下设施之间的间距控制要求;

（12）配套设施:提出控制中心、变电所、吊装口、通风口、人员出入口等配套设施布置原则、用地和建设标准,并与周边环境相协调;

（13）附属设施:明确消防、通风、供电、照明、监控和报警、排水、标识等相关附属设施的配置原则和要求;

（14）安全防灾:明确综合管廊抗震、防火、防洪等安全防灾的原则、标准和基本措施;

（15）建设时序:根据城市发展需要,合理安排综合管廊建设的年份、位置长度等;重点对近期综合管廊项目进行研究;

（16）投资匡算:匡算规划期内的综合管廊建设资金规模;

（17）规划实施策略及政策保障措施:借鉴国内外相关经验,提出组织保障政策保障、资金保障、技术保障、管理保障等措施和建议;

（18）附表。对规划区内综合管廊路由规划情况进行汇总,主要信息可包括:

路由名称、综合管廊类型、综合管廊长度、综合管廊编号、拟纳入管线、实施时机、近远期实施情况、建议施工方法等。

2.2.5 专项详细规划编制指引

1.工作任务

综合管廊专项详细规划一般在镇（或街道）级行政区、城市重点地区或特殊要求地区编制,对综合管廊专项总体规划确定的干、支线综合管廊路由方案进行优化和完善,增加对缆线管廊布局研究,综合管廊路由规划方案应达到城市支路深度,并对各类综合管廊位置、纳入管线、断面设计、配套设施、附属设施、三维控制线、重要节点控制、投资估算等内容进行详细研究。

2.资料收集

综合管廊专项详细规划需要收集的资料包括道路、城市规划、管网、轨道、河道、铁路等相关资料（见表2-3）

表2-3 综合管廊专项详细规划主要资料收集汇总表

资料类型	资料内容	收集部门
管网资料	◇ 现状市政管网普查资料,包括管网位置及埋深等情况 ◇ 旧管分布情况（注:旧管是指使用年限超过20年的市政管线） ◇ 现状综合管廊分布情况 ◇ 各市政专项详细规划资料 ◇ 管线综合规划资料,包括管网位置及埋深等情况 ◇ 近期管网建设计划	各管线单位 规划部门

资料类型	资料内容	收集部门
道路资料	◇ 现状道路(含城市支路)分布情况 ◇ 规划新建、改扩建道路(含城市支路)分布情况 ◇ 城市地下道路、轨道规划及现状情况,包括平面及竖向位置情况 ◇ 近期道路与轨道交通建设计划情况 ◇ 规划及现状道路横断面资料,包括道路绿化带宽度及位置等情况	道路部门 规划部门
城市规划资料	◇ 城市详细规划资料 ◇ 密度分区规划资料,包括高密度开发区分布情况等 ◇ 城市地下空间规划资料(地下空间开发类型、位置及实施时序等) ◇ 城市更新区域分布情况 ◇ 城市近期建设规划情况	规划部门 发改部门
道路交通资料	◇ 现状道路(含支路)分布情况 ◇ 规划新建、改扩建道路(含支路)分布情况 ◇ 城市地下道路、轨道规划以及现状情况 ◇ 近期道路与轨道交通建设计划情况	道路部门 规划部门 发改部门
其他相关资料	◇ 地形图,1∶1000~1∶10000 ◇ 地质条件分布情况 ◇ 高压电力电缆下地、轨道、管渠、道路等大型市政设施立项情况 ◇ 与综合管廊有间距要求的设施现状及规划情况,包括轨道、排水暗渠、排水明渠、河道、铁路、高层建筑、地下停车场等 ◇ 综合管应现状管理体制及规划设想 ◇ 地下管线、综合管廊、地下空间等相关法律法规 ◇ 综合管廊相关技术规范	各管线单位 规划部门 建设部门 发改部门

3. 文本编制内容

综合管廊专项详细规划文本结构可与综合管廊专项总体规划一致,但内容深度有所区别,文本内容结构如下:

(1)总则;(2)依据;(3)规划可行性分析;(4)规划目标和规模;(5)系统布局;(6)管线入廊分析;(7)管廊断面选型;(8)三维控制线划定;(9)重要节点控制;(10)配套设施;(11)附属设施;(12)安全防灾;(13)建设时序;(14)投资估算;(15)保障措施;(16)附表。

4. 图纸绘制内容

综合管廊专项详细规划的图纸相对于总体规划层面较为详细,主要详细表达综合管廊的线路、竖向关系、在道路下的位置、附属设施布局等内容,对每条管廊应绘制断面图,断面规划深度宜达到方案设计要求。规划背景图以及规划分析图可纳入说明书以插图形式出现,规划成果图集中可不包括上述图纸。规划成果图主要包括:

(1)管廊建设区域范围图;(2)管廊建设现状图;(3)干、支线管廊系统布局规划图;(4)缆线管廊系统布局规划图;(5)管廊分期建设规划图;(6)管线入廊时序图;(7)管廊断面方案图;(8)三维控制线划定图;(9)重要节点竖向方案图;(10)配套设施用地选址图;(11)属设施布局图;(12)结合排水防涝设施建设综合管廊方案图;(13)对市政专项规划调整建议图。

5. 说明书编制要求

综合管廊专项详细规划说明书结构可与综合管廊专项总体规划一致,但内容深度有所区别,如增加缆线管廊系统布局断面方案说明,配套设施选址,三维控制具体要求,投资估算等。说明书内容主要包括:

(1) 项目概述:主要包括规划背景、城市概况、规划范围及期限、规划指导思想、规划原则、技术路线、规划目标和规模等;

(2) 解读综合管廊:主要包括综合管廊定义分类以及优缺点分析;

(3) 综合管廊发展概况:介绍国内外综合管廊发展现状;

(4) 相关规划解读:包括城市详细规划、道路交通详细规划、各市政专项详细规划、城市地下空间详细规划等;

(5) 综合管廊必要性和可行性分析:有条件可对每条道路建设综合管廊进行技术经济评价;

(6) 管线入廊分析:依据综合管廊专项总体规划,根据城市有关道路、给水排水、电力、通信、广电、燃气、供热等工程规划和新(改、扩)建计划,以及轨道交通、人防建设规划等,确定入廊管线,分析项目同步实施的可行性,确定管线入廊的时序;

(7) 综合管廊建设区域分析:依据综合管廊专项总体规划,根据城市建设、规划、发展情况和市政管线分布及需求情况,确定综合管廊建设的区域,并对建设区域进行分类,提出针对性的规划建设指引;

(8) 综合管廊系统布局规划:根据城市功能分区、空间布局、土地使用、开发建设等,结合新改建道路、高压电力电缆下地、轨道建设、排水暗渠、地下空间开发等因素,确定管廊(包括缆线管廊)的系统布局和类型等;提出对各专项规划的调整建议,并确定结合排水防涝设施建设综合管廊的规划线路方案;

(9) 综合管廊断面选型:根据入廊管线种类及规模、建设方式、预留空间等,确定每条管廊的断面设计方案和断面尺寸;

(10) 三维控制线划定:提出综合管廊的规划平面和竖向位置,引导综合管廊工程下一步工程设计;

(11) 重要节点控制:提出综合管廊与地下道路、轨道交通、地下通道、人防工程及其他地下设施之间的间距控制方案;

(12) 配套设施:提出控制中心、变电所、吊装口、通风口、人员出入口等配套设施布局方案、用地和建设标准,并与周边环境相协调;

(13) 附属设施:明确消防、通风、供电、照明、监控和报警、排水、标识等相关附属设施的配置方案;

(14) 安全防灾:明确综合管廊抗震、防火、防洪等安全防灾的原则、标准和基本措施;

(15) 建设时序:根据城市发展需要,合理安排综合管廊建设的年份、位置、长度等;

(16) 投资估算:估算规划期内的管廊建设资金规模;

(17) 规划实施策略及政策保障措施:依据综合管廊专项总体规划,提出组织保障、政策保障、资金保障、技术保障、管理保障等措施和建议;

(18) 附表。对规划区内综合管廊路由规划情况进行汇总,主要信息可包括:路由名称、综合管廊类型、综合管廊长度、综合管廊编号、拟纳入管线、断面形式、断面尺寸、实施时机、近远期实施情况、建议施工方法、投资估算等。

任务小结

综合管廊的建设区域分析是综合管廊规划的重要部分,也是综合管廊规划中的难点。应从现状用地情况、区域功能结构、用地功能布局、建筑密度分区、地下空间利用规划、城市更新规划、管线需求密集区域等几个因素进行考虑,合理确定管廊建设区域和时序,划定管廊空间位置、配套设施用地等三维控制线,纳入城市黄线管理。综合管廊线路线位的确定应在现状道路交通和现状市政管线的基础上,结合城市用地功能布局、市政管线规划路由和道路交通规划布局。

综合管廊专项规划是城市规划的一部分,是城市管线综合规划、地下空间开发利用规划的重要内容,应当符合城市总体规划,坚持因地制宜、远近兼顾、统一规划、分期实施的原则。综合管廊专项规划的主要任务是根据城市发展目标和城市规划布局,结合地下空间道路交通以及各项市政工程系统的现状和规划情况,科学分析管廊建设的必要性和可行性;明确管廊建设目标和规模;划定管廊建设区域;明确管廊的系统布局;提出建设时序和投资估算;对管廊断面选型、三维控制线、重要节点控制、配套设施以及附属设施等提出原则性要求;并制定综合管廊的建设策略和保障措施。

课后任务及评定

1. 名词解释

(1) 综合管廊的建设区域

2. 填空题

(1) 对综合管廊建设区域条件进行评估,可分为两类区域:_____、_____。

(2) 在宜建区基础上根据新开发区、地下空间综合开发区、重点建设区域以及城市更新区等城市建设条件划分出_____。

(3) 综合管廊建设区域规划指引的"三因"原则包括:_____、因时、_____。

(4) 综合管廊规划的特点包括:综合性、协调性、_____、_____、动态性。

(5) 综合管廊专项规划分为_____、_____两个层次。

(6) 综合管廊专项规划应由_____单独组织编制或联合综合管廊主管部门共同组织编制。

(7) 综合管廊规划的成果包括_____。

(8) 综合管廊专项总体规划一般由_____审批,综合管廊专项详细规划建议由规划管理部门审批。

3. 简答题

(1) 城市地下综合管廊建设应遵循哪些指引?

(2) 综合管廊宜建区的发展策略包括哪些?

(3) 综合管廊系统布置原则包括哪些?

(4) 综合管廊规划与现有规划的协调,体现在哪几方面?

(5) 综合管廊专项详细规划的工作任务是什么?

(6) 综合管廊专项总体规划文本内容包括哪些?

任务 2.2

课后习题及答案

任务 2.3　案例示范（自主学习）

工作任务

自主学习城市综合管廊专项总体规划、专项详细规划编制案例。

工作途径

扫描本教程教学资源库二维码。

成果检验

（1）对照完成任务单，完成学习；

（2）本任务不做考核。

某综合管廊工程规划案例，具体内容扫描二维码：

某综合管廊工程规划案例

项目 3 城市综合管廊设计

✕ 项目导读

综合管廊是铺设于大自然中的三维工程实体,面对着大自然中的各种复杂因素,综合管廊设计中的各类管线、主体结构物、附属结构等专业项目无不与这些复杂因素有关,而且这些专业项目之间也有着较强的内在联系,因此,要做好城市管廊的设计,必须特别强调各专业之间的协调性,衡量管线及结构物与地质条件之间,管线与结构物之间、管线与附属结构工程及沿线设施之间、主体构造物与附属构造物之间衔接的合理性。

本项目着重介绍综合管廊的主体设计、结构设计及附属设施设计三部分内容,并结合城市综合管廊工程设计案例加以解释。

✕ 学习目标

1. 掌握城市综合管廊主体设计的基本内容及要点;
2. 掌握城市综合管廊结构设计的基本内容及要点;
3. 了解城市综合管廊附属设施设计的基本内容及要点。

任务 3.1 城市综合管廊主体设计

工作任务

了解掌握城市综合管廊主体设计的基本内容及要点。

具体任务如下:

(1) 结合设计规范及指南,掌握城市综合管廊空间及断面设计要点;

(2) 结合设计规范及指南,了解节点构筑物及辅助构筑物设计要点。

工作途径

《城市综合管廊工程技术规范》(GB 50838—2015);

《城市工程管线综合规划规范》(GB 50289—2016);

《电力工程电缆设计标准》(GB 50217—2018);

《城市综合管廊工程设计指南》。

任务单 3.1

成果检验

(1) 分组查阅规范,对照任务单识读设计文件,完成习题自测;

（2）本任务采用学生自测及教师评价方式打分。

3.1.1　空间设计

1. 平面布置

综合管廊平面中心线与道路中心线平行，应尽量敷设在道路一侧的人行道和中央绿化带下（见图3-1、图3-2），便于综合管廊吊装口、通风口等附属设施的设置。若受现状建筑或地下空间的限制，综合管廊也可设置在机动车道下。综合管廊设置在机动车道下时，吊装口、通风口等要引至车道外的绿化带内。

综合管廊圆曲线半径应满足容纳管线的最小转弯半径及要求，并尽量与道路圆曲线半径一致。

图3-1　综合管廊布置于中央绿化带下

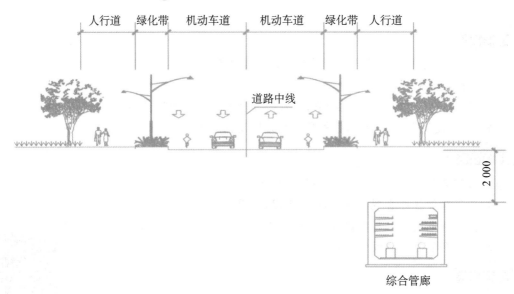

图3-2　综合管廊布置于道路的人行道或非机动车道下方

综合管廊穿越城市快速路、主干路、铁路、轨道交通、公路时,宜垂直穿越;受条件限制时可斜向穿越,最小交叉角不宜小于 60°。

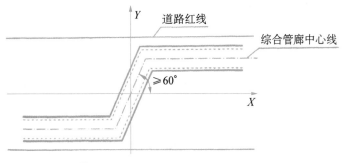

图 3-3　综合管廊最小交叉角示意图

2.竖向布置

管廊与工程管线及其他建(构)筑物交叉时的最小垂直间距应符合《城市工程管线综合规划规范》(GB 50289—2015)的相关规定。

综合管廊与相邻地下管线及地下构筑物的最小净距应根据地质条件和相邻构筑物性质确定,且不得小于表 3-1 规定的数值。

表 3-1　综合管廊与相邻地下管线及地下构筑物的最小净距

相邻情况	施工方法	
	明挖施工(m)	顶管、盾构施工
综合管廊与地下构筑物水平净距	1.0	综合管廊外径
综合管廊与地下管线水平净距	1.0	综合管廊外径
综合管廊与地下管线交叉垂直净距	0.5	1.0

综合管廊穿越河道时应选择在河床稳定河段,最小覆土深度应按不妨碍河道的整治和管廊安全的原则确定。要求在一至五级航道下面敷设时应在航道设计高程 2.0 m 以下,在其他河道下面敷时应在河底设计高程 1.0 m 以下,在灌溉渠道下敷设时应在渠底设计高程 0.5 m 以下。

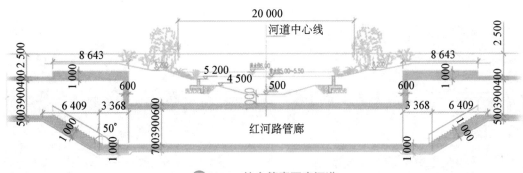

图 3-4　综合管廊下穿河道

管廊布置在绿化带下,还得考虑覆土深度能满足绿化种植的要求,一般的灌木覆土深度为 0.5~1.0 m 左右,一些较为高大的树木,覆土深度常大于 2 m,国内有运行几十年的混凝土管道,在管道修复时发现大树根系已经长入到管道中,对管道造成很大的破坏,所以在管廊覆土深度的选择上,要充分考虑绿化种植因素。

综合管廊标准段的覆土深度应考虑管廊各节点空间的需求。在节点中往往会布置一定的设备,需要一定的安装空间,且管线分支口需要引出管线,这些管线都有一定的空间需要。如果标准段的覆土过浅,会导致在节点部位管廊需要局部加深,对整个管廊纵向设计造成不小的麻烦,同时会增加工程投资,故在确定标准段覆土深度时要综合考虑。

3.1.2 断面设计

综合管廊入廊管线确定后,需要确定标准横断面。标准横断面是整体设计的前提和核心,管廊断面大小直接关系到管廊所容纳的管线数量以及整体造价和运行成本,管廊内的空间需满足各管线平行敷设的间距要求和人员通行的净高和净宽要求,为各管线安装、检修提供所需空间。

综合管廊的断面形式及尺寸设计原则如下:

(1)应根据容纳的管线种类、数量、预留空间、施工方法综合确定。

(2)应满足管线安装、检修、维护作业的空间要求。

(3)廊内各管线位置合理,不相互干扰,保证安全可靠运行。

(4)管廊断面在满足运维要求的基础上,尽量紧凑,以充分体现经济合理。敷设大型干线管道的管廊,检修考虑使用检修车,内部净空应满足检修车通行需要;敷设支管的管廊,不考虑使用检修车,内部净空可在满足规范要求的前提下适当缩小。

(5)应预留适度发展空间,满足各类市政管线增加需求,避免断面过小管线无法进舱导致道路反复开挖。

1. 横断面形式分析

综合管廊断面类型与管廊的施工方法有密切的关系。综合管廊的施工方法主要有明挖法和暗挖法两种。

(1)明挖法施工断面

采用明挖方法施工时,开挖深度小、技术简单、施工速度快、施工成本低。因此,在道路条件、管线情况及施工环境容许的情况下,明挖施工方法通常是浅埋综合管廊首选的施工方法,见图 3-5。

图 3-5 明挖法现浇综合管廊图

采用明挖施工的综合管廊,又分为现浇和预制拼装两种形式。明挖现浇一般采用矩形断面,明挖预制拼装一般采用矩形或圆形两种断面,见图 3-6。

图 3-6　明挖法预制综合管廊图

明挖现浇矩形断面具有如下特点:结构壁厚较圆形断面厚;浇筑施工总体进度较慢;质量不易把控;工序简单成熟,可以满足各种截面尺寸管廊的需求,受当地交通等环境影响较小;管廊主体整体性能较好,抵抗不均匀沉降的能力较强,变形缝相对较少,防水施工简单、成本低;附属设施尺寸不受制约。

明挖预制拼装圆形断面具有如下特点:受力均匀,结构壁厚较矩形断面薄;制造厂内制造,预制拼装施工快捷,工期较短;质量易控制,运输至现场后拼装;需配备大型吊运设备,对场地及道路要求较高,受交通等环境影响较大;预制管廊主体拼缝较多,对防水要求高;附属设施投料口、通风口较长,预制有困难。

（2）暗挖法施工断面

在繁华城区的主干道和穿过地铁、河流等障碍建设综合管廊时,为减少对人们日常生活和交通的影响,保护市容环境,多采用暗挖法进行施工。

综合管廊暗挖法施工多采用盾构或顶管等施工方法,一般采用圆形断面,但内部管道布置空间有一定的浪费,见图 3-7。

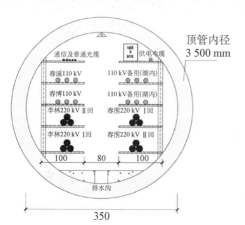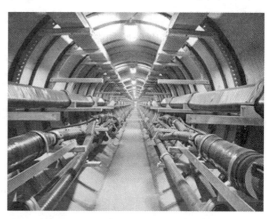

图 3-7　暗挖法预制综合管廊一般采用圆形断面

2. 管廊分舱

给水、雨水、污水、再生水、电力、通信、天然气、热力等城市工程管线可纳入综合管廊,同时应采取相应技术措施,保证管廊及纳入管线安全。

根据入廊管线种类及规模、建设方式、预留空间等,确定管廊分舱、断面形式及控制尺寸,如图3-8所示。《城市综合管廊工程技术标准》(GB 50838—2015)明确了管廊的分舱要求:

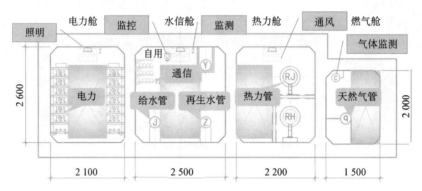

图3-8　综合管廊分舱示意图

（1）天然气管道应在独立舱室内敷设;

（2）给水管线、中压电力、通信管线、温泉管线、再生水管线可同舱敷设,也可分隔在多个舱室,应结合管线尺寸及管廊建设空间条件确定;

（3）有高压电力的综合管廊,考虑电力管线检修的一致性和便利性,中压电力与高压电力同舱室敷设;

（4）110 kV及以上电力电缆,不与通信电缆同侧布置;

（5）利用综合管廊结构本体排雨水时,雨水舱结构空间应采取单独舱室的形式,严密防水,并采取避免雨水倒灌或渗漏至其他舱室的措施。雨水采取管道的形式纳入管廊时,可单独成舱,也可与除燃气管线以外的其他管线同舱敷设,具体形式应结合管线尺寸及管廊建设空间条件确定;

（6）污水由于具有一定的腐蚀性,不利于直接敷设在管廊结构体中,较适于采取管道的形式在管廊内敷设,污水管可单独成舱,也可与除燃气管线以外的其他管线同舱敷设,具体形式应结合管线尺寸及管廊建设空间条件确定。

典型的综合管廊分舱如图3-9至3-10所示。

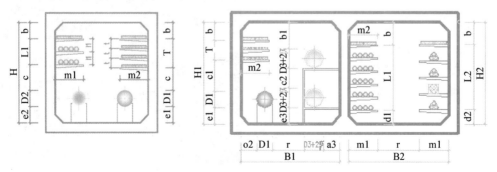

图3-9　综合管廊单舱和双舱示意图

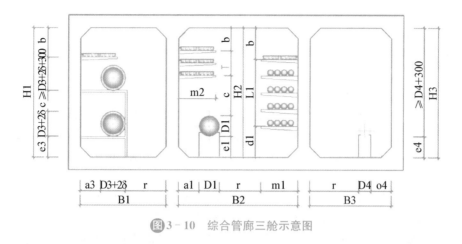

图 3 - 10　综合管廊三舱示意图

3. 入廊管线敷设对管廊断面的影响

各种管线纳入综合管廊后,都需要考虑其安装、维护、检修等问题。根据入廊管线的种类来分,主要有缆线和管线两大类。其中管线根据介质特点又分为有毒可燃的燃气管线、高温热力管线、水管线等几大类。

为了节省投资,综合管廊在满足基本安装、维护空间情况下会尽量减小管廊断面,应经济技术比较后确定合理的综合管廊断面。

综合管廊的标准断面确定原则如下:

① 综合管廊标准断面内部净高应根据容纳的管线种类、规格、数量、通行方式、安装等综合确定,不宜小于 2.4 m。

② 综合管廊标准断面内部净宽应根据容纳的管线种类、数量、管线运输、安装、运行、维护、检修等要求综合确定。

③ 综合管廊通道净宽,应满足管道、配件及设备运输的要求,如图 3-11 所示,并应满足以下要求:

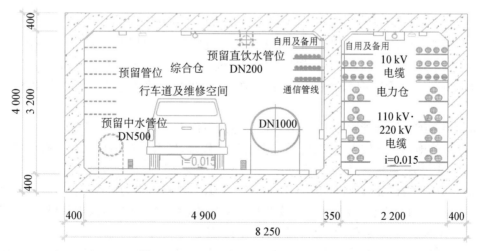

图 3 - 11　综合管廊内部通道净宽示意图

① 综合管廊内两侧设置支架或管道时,检修通道最小净宽不宜小于 1.0 m;当单侧设置支架或管道时,检修通道最小净宽不宜小于 0.9 m。

② 配备检修车的综合管廊检修通道宽度不宜小于 2.2 m。

具体入廊管线敷设对管廊断面的影响

(1) 电缆敷设对管廊断面的影响

综合管廊电舱内断面主要考虑入廊电缆的类型、数量、电缆间距、电缆弯曲半径以及施工空间等因素。通常情况下入廊电缆为:管廊自用低压 380/220 V 动力电缆;市政用中压 35 kV、10 kV、6 kV 电力电缆;市政高压 110 kV、220 kV、500 kV 电力电缆。

① 电缆间距

电力电缆宜根据电缆电压等级分层进行敷设,支架间最小层间距应满足《电力工程电缆设计标准》(GB 50217—2018)以及《城市综合管廊工程技术规范》(GB 50838—2015)相关要求。最上层支架距构筑物顶板或梁底的净距允许最小值应满足电缆引接至上侧柜盘时的允许弯曲半径要求,且不宜小于表 3-2 所列数再加 80～150 m 的和值,最下层支架距离管廊地面的最小距离不宜小于 100 mm。

表 3-2　电缆支架与桥架最小层间距表

电缆电压等级和类型,光缆敷设特征		普通支架、吊架(mm)	桥架(mm)
控制电缆		120	200
电力电缆明敷	6 kV 以下	150	250
	6～10 kV 交联聚乙烯	200	300
	35 kV 单芯	250	300
	35 kV 三芯	300	350
	110～220 kV,每层 1 根以上	300	350
	330 kV、500 kV	350	400
电缆敷设在槽盒中,光缆		$H+80$	$H+100$

注:H 为槽盒外壳高度

在实际工程设计中,出于载流量及降低线路感抗的考虑,根据电缆重量、允许牵引力、侧压力和各段电缆盘长等因素,并考虑施工时和电缆维修方便及运行安全性,110 kV 以上电压等级电缆在综合管廊内采用三相品字形放置,并采用水平蛇形敷设方式,如图 3-12 所示。

由于很多纳入综合管廊的 110 kV 及以上电压等级单芯电缆的外径超过了 100 mm,并且电缆固定的抱箍尺寸较大,加之电缆抱箍的形式较多,综合考虑抱箍尺寸及敷设空间,对 220 kV 电缆支架层间距一般取 400 mm,110 kV 电缆支架层间距一般取 350 mm。

按照《电力工程电缆设计标准》(GB 50217—2018)及《城市电力电缆线路设计技术规定》(DL/T5221—2016)中相应规定,蛇形敷设的计算按照电缆的热伸缩量及电缆轴向力控制确定,电缆支架长度应根据蛇形敷设幅宽进行不同设计。

电缆在每个蛇形节距位置用三相非固定夹具限位,在每五个节距位置采用三相固定夹具固定,在蛇形敷设的始末段用若干个三相固定夹具固定。蛇形敷设设计的目的主要是为

图 3-12　电缆抱箍及蛇形敷设示意图

了使电缆在热伸缩移动中不产生较大的内力,避免损坏电缆或降低电缆使用寿命,所以设计时考虑何处应使电缆自由移动,何处应限制其运动。

②　电缆弯曲半径

在综合管廊内电缆敷设时,尚需考虑电缆弯曲半径的要求。电缆弯曲半径的最小要求见表 3-3。

表 3-3　电(光)缆敷设允许最小半径

电/光缆类型(直径 D)		允许最小转弯半径	
		单芯	3芯
交联聚乙烯绝缘电缆	≥66 kV	20D	15D
	≤35 kV	12D	10D
光缆		20D	

③　施工空间、通行空间与断面设计

综合管廊电舱断面的另一个重要制约因素为检修维护人员的通行空间需求以及电缆敷设、更换所需的施工空间。

综合管廊电舱内有 110 kV 以上电缆敷设施工时,电缆经输送机、辅助输送机输送,经过直线段、弯曲段滑车协助,由牵引机牵引完成电缆的输送。《电气装置安装工程电缆线路施工及验收规范》(GB 50168—2018)规定:"电缆敷设时,电缆应从盘的上端引出,不应使电缆在支架上及地面摩擦拖拉。电缆上不得有铠装压扁电缆绞拧、护层折裂等未消除的机械损伤"。

另外由于电缆电压等级高,外表面在施工中轻微的受损都可能造成电缆在今后的运行中绝缘强度的破坏而成为薄弱点,因此,管廊断面的施工空间,需要满足施工人员与施工机械设备的布置要求。常用电缆敷设机械设备如图 3-13、图 3-14。

(2) 给水管道敷设对管廊断面的影响

管廊内管线布置时,可根据各地实际情况分舱或者合舱布置。在多数情况下给水管线与热力等其他管线在同一舱内布置,称水热舱;或者将电力电缆、通信电缆和给水管道、再生水管道布置在同一舱内,统称为水电舱。再生水或消防水、直饮水等有压水均可按给水管道考虑。

图3-13 大型电缆输送机

图3-14 电缆转弯铝滑轮

① 管线布置的选择

给水、再生水管线可在综合管廊同侧布置且给水管线宜布置在再生水管线上方;给水、再生水管线可以和电力电缆、通信电缆同舱敷设,给水、再生水管线不应和蒸汽管线同舱布置。

② 管线安装净距

综合管廊标准断面内部空间应根据容纳的管线种类、数量、管线运输、安装、维护、检修等要求综合确定。

根据《城市综合管廊工程技术规范》(GB 50838—2015)要求,干线综合管廊、支线综合管廊内两侧设置管道时,人行通道最小净宽不宜小于1.0 m;当单侧设置管道时,人行通道最小净宽不宜小于0.9 m。配备检修车的综合管廊检修通道不宜小于2.2 m。综合管廊内通道的净宽,尚应满足综合管廊内管道、配件、设备运输净宽的要求。

根据《城市综合管廊工程技术规范》(GB 50838—2015)规定,管线的安装净距(图3-15)不宜小于表3-3规定的数。另外,综合管廊的管道安装净距还应考虑管道的排气阀、排水阀、伸缩补偿器、阀门等配件安装、维护的作业空间。

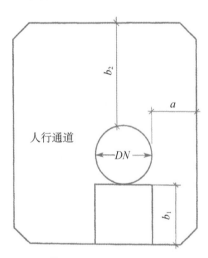

图3-15 管道安装净距

表3-3 综合管廊的管道安装净距(mm)

管道工程直径DN	铸铁管、螺栓连接钢管			焊接钢管		
	a	b_1	b_2	a	b_1	b_2
DN<400	400	400	800	500	500	800
400≤DN<800	500	500				
800≤DN<1000						
1000≤DN<1500	600	600		600	600	
DN1500	700	700		700	700	

（3）热力管道敷设对管廊断面的影响

热力管道输送介质会带来管廊内的温度升高,从而造成安全影响,热力管线一般单独布置。如与其他管线同舱布置时,在管线布置上应将热力管线与热敏感的其他管线保持适当间距。给水管线、再生水管线如和热力管线同舱敷设时,热力管道应高于给水管道和再生水管道,且给水、再生水管线应做绝热层和防水层。

热力舱内不得敷设电力电缆、燃气管道。

热力管线在管廊内的安装间距要求同给水管线,见图 3-15 及表 3-3。因供热管道保温后外径较大,管道的水平布置或垂直布置对管廊断面的影响很大。具体布置形式要结合给水管线、再生水管线、电力电缆、通信电缆等管线统一考虑。

（4）燃气管道敷设对管廊断面的影响

燃气管线因其安全性要求,如纳入综合管廊则必须单舱布置。燃气管线在管廊内的安装间距要求同给水管线要求。

燃气管道在综合管廊内的安装净距应考虑管道的排气阀、排水阀、补偿器、阀门等配件安装、维护的需求。

▶▶ 3.1.3　节点构筑物及辅助构筑物设计

综合管廊节点主要包括通风口、投料口、管线分支口、人员出入口、监控中心等。

1. 通风口设计

根据《城市综合管廊工程技术规范》GB 50838,综合管廊宜采用自然进风和机械排风相结合的通风方式。天然气管道舱和含有污水管道的舱应采用机械进风和机械排风的通风方式。见图 3-16 至图 3-18。

图 3-16　自然通风口

图 3-17　机械通风口

通风口的布置与综合管廊防火分区的划分有着直接联系。每个防火分区设置一进一出两个通风口。综合管廊以不大于 400 m 作为一个通风区域。机械通风时,外部新鲜空气由进风口进入综合管廊,沿综合管廊流向排风口,并由排风口排至室外。通风口设置于道路绿化带中或者道路红线外绿化带中。燃气管道舱室的排风口与其他舱室排风口、进风口、人员出入口以及周边建（构）筑物口部距离不应小于 10 m。

地上风口部分应布置在地面绿化带或不妨碍景观的地方。注意避免进出风短路,机械通风时进风口及排风口间距要大于 20 m,否则排风口应高出进风口 6 m。通常设计时结合

0

0

0

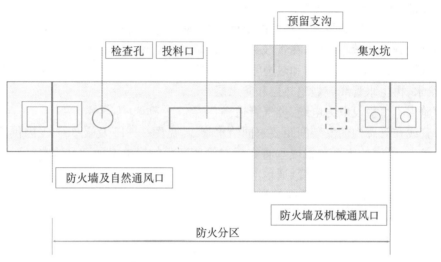

图 3-18　防火分区及通风口示意图

防火分区划分,相邻两个通风段同类型进排风口做在一个节点中。地下通风道可根据覆土情况从综合管廊顶板或侧壁上开口,当覆土较小时,风道可以从侧壁开洞,以降低地上风口高度,满足地上景观要求。

2.投料口设计

综合管廊内的管线敷设是在综合管廊本体土建完成之后进行,必须留设投料口。

综合管廊投料口的最大间距不宜超过 400 m,净尺寸应满足管线、设备、人员出入的最小允许尺寸要求,应尽量减小对城市景观的影响。投料口的尺寸应根据各类管道(管节)及设备尺寸确定,一般刚性管道按 6.0 m 长度考虑,电力电缆需考虑其入廊时的转弯半径要求,有检修车进出的吊装口尺寸应结合检修车的尺寸确定。当投料口位于绿化带内时应高于地面 0.5 m 以上,在城市易发生内涝区域应根据内涝风险评估后再确定。当投料口位于人行道或者非机动车道时,投料口盖板经防水及装饰后设置为与地面齐平,并做好标识。综合管廊投料口剖面图如图 3-19 所示。投料口开孔尺寸应按表 3-4 取值。

表 3-4　投料口开孔尺寸一览表

管廊类型			投料口宽度 L/m	投料口长度/m
管廊舱 (综合舱)	管廊内敷设 管道管径 DN/mm	600 以下	1.0	6.5
		600~800	1.3	
		800(不含)~1000	1.5	
		000(不含)~1200	1.8	
		1200(不含)~1500	2.1	
缆线舱			1.0	2.5

通常综合管廊各舱设单独的投料口,当受绿化带等条件限制情况时,投料口可合用,设置为双舱单投料口形式,并结合道路和综合管廊通风井等相关构筑物情况进行调整,或者做一些异形投料口。

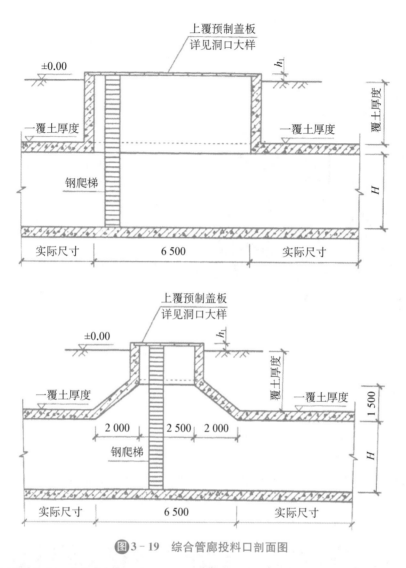

图 3-19 综合管廊投料口剖面图

由于受电力电缆,尤其是高压大截面电力电缆敷设时牵引力的限制以及电缆弯曲半径的影响,电力投料口宜直对电力电缆舱室,以便减少电缆的弯曲次数,满足弯曲半径要求。同时投料口要满足电力电缆敷设设备的进出需求。

纳入管廊的管道大部分为定尺采购,管道定尺长能减少焊缝等连接口数量,大尺寸管道在管廊内运输不便利,并且需要的投料口也相对较大。因此,国内很多工程采用大小投料口结合,错落布置,并且将大投料口隐藏在地下用于初次安装敷设或者管道大修,小投料口露出地面作为常规检修安装的永久投料使用。另外,在有大型管线附件、专用安装设备需求时,投料口的尺寸需要根据这些需求专门设计。

3. 管线分支口设计

在综合管廊沿途的规划道路交叉口、各地块需要预留足够的管线分支口,同时应当根据接户管线的种类以及需求量,决定各类管线分支预留孔的尺寸、大小、数量、间距以及高程位置等。工程中标准形式的分支口分为电力专用分支口、供水管道分支口、信息管道分支口、热力管道分支口、天然气管道分支口等。

分支口过路形式主要采用:管道直埋过路(电力、信息以管束形式过路)、预埋过路套管、支管廊等形式。

在管道分支口处,综合管廊局部需要进行加高拓宽等处理,便于管线上升从侧面引出综合管廊。分支口考虑分支管线沿侧墙爬升的空间需求,并按其分支管线的埋深需求经侧墙或顶板的预留孔洞接出管廊外侧。管线引出后的布置位置应与管线需求侧的接口位置一致。在交叉路口需要注意引出后与交路口的管线对接一致。采用支管廊形式的分支口较为复杂,需要综合考虑支管廊对管廊防火、通风分区划分及方案的影响,同时,还要考虑支管廊人员的通行,管线在支管廊段的运输与维护。如图 3-20 所示。

图 3-20 综合管廊分支口设计示意图

4. 人员出入口设计

综合管廊沿线设置人员出入口,主要供施工维修、检修作业人员进出、突发情况下人员的撤离。

综合管廊的人员出入口、逃生口等露出地面的构筑物应满足城市防洪要求,并采取措施防止地面水倒灌及小动物进入。

人员出入口宜同逃生口、吊装口、进风口结合设置,且不应少于 2 处。

在实际工程中,人员出入口常与监控中心合建作为 1 处,满足人员正常巡检时的通行需求以及监控中心与管廊的联络,并兼顾该区段综合管廊紧急逃生需求;在其他相对远离监控中心的位置,综合考虑城市景观、用地、安全等因素单独建设其余的 1 处或多处,满足该区段的运营、维护及逃生需求。见图 3-21。

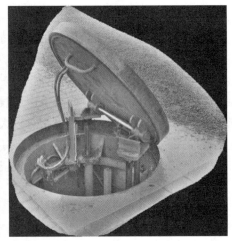

图 3-21 人员出入口设计实例

逃生口设置应符合下列规定：

（1）敷设有电力电缆的综合管廊舱室内，逃生口间距不宜大于 200 m；

（2）天然气舱室逃生口间距不宜大于 200 m；

（3）敷设有热力管道的综合管廊舱室内，逃生口间距不应大于 400 m，当管道输送介质为蒸汽时，间距不应大于 100 m；

（4）其他舱室逃生口间距不宜大于 400 m；

（5）逃生口内径净直径不应小于 800 mm；

（6）露出地面的各类孔口盖板应设有在内部使用时易于人力开启、在外部使用时非专业人员难以开启的安全装置。

实际工程实践中由于蒸汽管线舱逃生口的设置间距较小，常常采用独立的逃生口设置。其余逃生口设置间距在 200 米左右，常常与通风井、投料口等设施合建。

5. 监控中心设计

监控中心主要便于管理人员的日常巡查、服务半径内所需物资和材料的储备和运输、及时调度人员抢修，配备常驻办公人员休息室、安保值班室。监控室和配电室在需要时配备，并承担部分维修物资、应急物资储备功能，见图 3-22 所示。

图 3-22 监控中心

综合管廊的管理、维护、防灾、安保、设备的远程控制，均在监控中心内部完成。监控中心内部监控的主要对象包括照明系统、配电系统、火灾报警系统、通风系统、排水系统等。

考虑所需建筑面积较大及功能较复杂、监控中心外围维修空间及管线堆场等场地对其他功能建筑影响较大，故监控中心的布置位置通常结合用地规划，在用地允许的情况下独立占地进行建设，布置在管廊系统交叉口周边，同时设置由监控中心通向管廊的专用连接通道。

6. 防水设计

综合管廊主体防渗的原则是"以防为主，防、排、截、堵相结合，刚柔相济，因地制宜，综合治理"。主要通过采用防水混凝土、合理的混凝土级配、优质的外加剂、合理的结构分缝、科学的细部设计来解决综合管廊钢筋混凝土主体渗漏问题。

综合管廊的防水工程可分为三类：结构自防水、涂膜防水层与密闭防水，其中结构自防水应作为重点考虑的方式。《城市综合管廊工程技术规范》GB 50838 中规定：综合管廊应根据气候条件、水文地质状况、结构特点、施工方法和使用等因素进行防水设计,防水等级标准为二级,并应满足结构的安全、耐用和使用要求。综合管廊的变形缝、施工缝和预制构件接缝等部位应加强防水和防火措施。

进行综合管廊结构防水设计时,严格按照《地下工程防水技术规范》(GB 50108—2008)标准设计,防水设防等级不低于二级;管廊位于绿化带下,按照《地下工程防水技术规范》4.8.1条,综合管廊顶板应为一级防水。

在防水设防等级为二级的情况下,综合管廊主体不允许漏水,结构表面可有少量湿渍,总湿渍面积不应大于总防水面积的 2/1000;任意 100 m^2 防水面上的湿渍不超过三处,单个湿渍的最大面积不应大于 0.2 m^2 平均渗水量不大于 0.05 L/(m^2·d),任意 100 m 防水面积上的渗水量不大于 0.15 L/(m^2·d);在防水设防等级为一级的情况下,综合管廊主体不允许漏水,结构表面无湿渍防水的重点以及难点主要集中在施工缝防水、变形缝防水以及预埋穿墙管处。

▌▶ 3.1.4　知识拓展(入廊分析)

扫描二维码,自主学习城市综合管廊管线入廊分析案例。

入廊分析

任务小结

在综合管廊主体设计中,首先,综合管廊的平面布置需要结合高压线下地、市政管线等建设需求、道路建设计划及实施条件等因素。一般来说,城市综合管廊建设一般与城市道路同步设计,大多位于道路绿化带下进行布置,可以提高地下空间有效利用率。其次,对于综合管廊的标准断面设计,需要按照管廊中放入的管线数量、类型以及所选用的施工方法来确定管廊的断面形式。对于综合廊道通风口设计,由于综合管廊是属于地下结构,长期位于在地下环境,使得管廊内的空气质量不好,因此在结构设计过程中可以设置一定的通风设施,使得管廊内能与室外进行空气交换,进而确保管廊内的空气质量。一般而言,综合管廊通风孔的净尺寸应满足通风的最小允许限值要求。最后,对于综合管廊人员的出入口设计,则可以根据采用的施工方法特点,来确定综合管廊进出口的间距。

课后任务及评定

1. 简答题

(1)谈谈综合管廊与相邻地下管线及地下构筑物的最小净距要求。

(2)试述综合管廊的断面形式及尺寸设计原则。

(3)简述综合管廊的标准断面确定原则。

(4)逃生口设置应符合哪些规定?

(5)简述综合管廊的分舱要求。

2. 填空题

(1)综合管廊穿越城市快速路、主干路、铁路、轨道交通、公路时,宜垂直穿越:受条件限制时可斜向穿越,最小交叉角不宜小于_____。

　　（2）根据规范要求，干线综合管廊、支线综合管廊内两侧设置管道时，人行通道最小净宽不宜小于_____m；当单侧设置管道时，人行通道最小净宽不宜小于 0.9 m。配备检修车的综合管廊检修通道不宜小于_____m。

　　（3）天然气管道舱和含有污水管道的舱应采用_____和_____的通风方式。

　　（4）综合管廊以不大于_____m 作为一个通风区域。

　　（5）燃气管道舱室的排风口与其他舱室排风口、进风口、人员出入口以及周边建（构）筑物口部距离不应小于_____m。

任务 3.1
课后习题及答案

　　（6）综合管廊的防水工程可分为三类：结构自防水、涂膜防水层与密闭防水，其中_____应作为重点考虑的方式。

　　（7）综合管廊主体防渗的原则是_____。

　　（8）综合管廊投料口的最大间距不宜超过_____m。

任务 3.2　城市综合管廊附属设施设计

工作任务

　　了解掌握城市综合管廊附属设施设计的具体内容及要点：

　　（1）了解综合管廊消防、通风、供电、照明、排水、监控与报警等系统设置的必要性；

　　（2）掌握规范对综合管廊消防、通风、供电、照明、排水、监控与报警等系统的具体规定及其设计要点；

　　（3）掌握城市综合管廊附属设施相关标识标牌。

工作途径

　　《城市综合管廊工程技术规范》（GB 50838—2015）；

　　《安全防范工程技术规范》（GB 50348—2018）；

　　《城市综合管廊工程设计指南》。

任务单 3.2

成果检验

　　（1）分组查阅规范，对照完成任务单，完成习题自测；

　　（2）本任务采用学生自测与教师评价综合打分。

▶▶ 3.2.1　消防系统

　　综合管廊内的可燃物主要是电缆、光缆和管线防腐层等，其中主要的火灾起因是电力线路起火。火由起火部位向其他区域蔓延是通过可燃物的直接延烧、热传导、热辐射和热对流等方式扩大蔓延的。

　　虽然在综合管廊内发生火灾是小概率事件，综合管廊内敷设的都是当地工作、生活、生产的重要线路，一旦发生火灾，将影响社会的经济秩序和生活秩序，火灾扑救困难，所以综合管廊内应采取必要的措施降低火灾的发生概率、控制火势的蔓延。如图 3 - 23、3 - 24 所示。

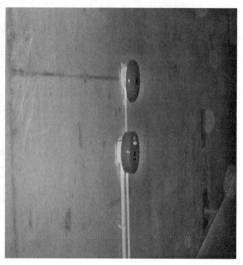

图3-23 水管舱局部消防设施　　　　图3-24 火灾报警系统

1. 降低失火诱因

（1）选取合适的设计参数

电缆发热的原因是电缆的电阻使电流产生损耗，而电缆持续发热将对电缆的绝缘层及保护层产生破坏作用。因此，选取合适的设计电流密度，可以降低电缆的发热量，延长电缆的寿命，降低起火的可能性。

（2）采用合适的电缆类型

电缆具有多种类型，不同类型的电缆适应于不同的使用场合。在综合管廊内宜采用阻燃型或防火型电缆，减小电缆起火的可能性。管沟设计时要求入沟电缆采用阻燃型电缆。若采用普通电缆必须采用外部防延燃措施，同时在综合管廊内禁止使用充油电缆。

（3）采取必要的预防措施

在电缆上可设置感温装置，及时监测电缆的运行情况，以便在电缆发生事故前就能及时发现问题，进而避免起火造成损失。

（4）合理布置电缆，减小相互影响

在综合管廊内部电缆的布置上，考虑将双回及双回以上电源电缆尽可能分侧布置，从而避免因火灾的发生而相互影响，提高供电可靠性。

（5）设置防动物网

在综合管廊通向外部的通风口、投料口等处设置防止小动物进入的防护网，防止小动物进入综合管廊对电缆造成破坏。

2. 规范对综合管廊消防系统的规定

含有不同管道的综合管廊舱室火灾危险性分类应符合表3-5的规定。

（1）当舱室内含有两类及以上管线时，舱室火灾危险性类别应按火灾危险性较大的管线确定。

（2）综合管廊主结构体、不同舱室之间的分隔墙应为耐火极限不低于3.0 h的不燃性结构。

表 3-5 综合管廊舱室火灾危险性分类

舱室内容纳管线种类		舱室火灾危险性类别
天然气管道		甲
阻燃电力电缆		丙
通信线缆线		丙
污水管道		丁
雨水管道、给水管道、再生水管道	塑料管等难燃管材	丁
	钢管、球墨铸铁管等不燃管材	戊

(3) 天然气管道舱及容纳电力电缆的舱室应每隔 200 m 采用耐火极限不低于 3.0 h 的不燃性墙体进行防火分隔。防火分隔处的门应采用甲级防火门,管线穿越防火隔断部位应采用阻火包等防火封堵措施进行严密封堵。如图 3-25 及 3-26 所示。

图 3-25 阻火材料

图 3-26 防火门

(4) 综合管廊内应在沿线、人员出入口、逃生口等处设置灭火器材,灭火器材的设置间距不应大于 50 m,灭火器的配置应符合现行国家标准《建筑灭火器配置设计规范》G50140 的有关规定。

(5) 干线综合管廊中容纳电力电缆的舱室,支线综合管廊中容纳 6 根及以上电力电缆的舱室应设置自动灭火装置;其他容纳电力电缆的舱室宜设置自动灭火系统。

(6) 综合管廊内应设置火灾自动报警系统,并在管廊入口处或每个防火分区检查井端设置固定通信报警电话,报警电话应反馈至控制中心。

(7) 综合管廊管道舱内设置手提式灭火器,每个设置点灭火器配置数量不应少于 2 具,但也不应多于 5 具。

(8) 电力舱内宜设置自动喷水灭火系统、水喷雾灭火或者气体灭火等固定装置,电力舱内设置的灭火器应为磷酸铵盐干粉灭火器。

(9) 综合管廊内的电缆防火与阻燃应符合国家现行标准《电力工程电缆设计标准》(GB 50217—2018)的要求。

3. 消防系统设计重点

(1) 综合管廊的承重结构体的燃烧性能应为不燃烧体,耐火极限不应低于 3.0 h。综合管廊内装修材料除嵌缝材料外,应采用不燃材料。综合管廊的防火墙燃烧性能应为不燃烧体,耐火极限不应低于 3.0 h。

(2) 综合管廊内防火分区最大同距应不大于 200 m,设置耐火极限不低于 3.0 h 的防火墙。防火分区应设置防火墙、甲级防火门阻火包等进行防火分隔。综合管廊的交叉口部位应设置防火墙、甲级防火门进行防火分隔。防火墙宜采用柔性防火隔断方式,以便于管道安装。

(3) 在综合管廊的人员出入口处,应设置灭火器、消防沙箱等灭火器材,灭火器材的设置间距不应大于 50 m,灭火器的配置应符合现行国家标准《建筑灭火器配置设计规范》(GB 50140—2005)的有关规定。

(4) 综合管廊内应设置火灾自动报警系统。管廊内应设置火灾自动报警系统,并在管廊人口处或每个商火分区检查井口端设置固定通信报警电话,报警信号应反馈至控制中心。控制中心监控系统能对管愿内机械风机、排水系、消防设备和电气设备进行监控,采用就地联动通风设备应能自动关闭。

(5) 综合管廊管道舱内宜设置手提式灭火器,每个设置点灭火器配备数量不应少于 2 具,但也不应多于 5 具。电力舱内设置的灭火器应为磷酸铵盐干粉灭火器,不得选用装有金属喇叭喷筒的二氧化碳灭火器。综合管廊内可配置必要的防毒面具。

(6) 可燃气体和甲、乙、丙类液体管道严禁穿过防火墙。其他管道不宜穿过防火墙,当必须穿过时,应采取防火封堵材料将墙与墙之间的空院紧密填实;当管道为难燃及可燃材质时,应在防火墙两侧的管道上采取防火措施。防火墙内不应设置排气道。

(7) 综合管廊内重点保护区域可选用开式细水雾灭火系统、分区应用非贮压式超细干粉灭火装置或分区应用非限温型热气溶胶灭火装置。选用自动灭火系统时,应分析舱室火灾危险等级,并通过经济技术比较确定。

(8) 综合管廊内管道保温、保冷材料应采用不燃材料或难燃材料。

(9) 综合管廊内的电缆防火与阻燃应符合国家现行标准《电力工程电缆设计标准》(GB 50217—2018)的要求。当综合管廊内纳入输送易燃易爆介质管道时,应采取专门的消防设施。

(10) 管道内消防栓出水口是由直径为 65 mm 的支管连接在主管上,每 50 m 安装直径为 65 mm 的水带阀,当管道内火灾发生时,可手动或者电动控制开启隔离阀,并由消防泵或者消防专用人水口供水灭火。

(11) 应急照明灯和灯光疏散指示标志,应设玻璃或其他不燃烧材料制作的保护罩。

(12) 防火门的设置应符合下列规定:

① 综合管廊内的防火分隔处均应设置防火门,通风区段内(除通风区段两端)的防火门应采用常开防火门,其他防火门均应采用常闭防火门。其中常开防火门应能在火灾时自行关闭,并应具有信号反馈的功能。常闭防火门应在其明显位置设置"保持防火门关闭"等提示标识。

② 防火门关闭后,应能从任何一侧手动开启。

③ 设置在变形缝附近时,应保证防火门开启时门扇不跨越变形缝。

④ 防火门关闭后应具有防烟性能。

⑤ 防火门应符合现行国家标准《防火门》(GB 12955—2015)的规定。

（13）防火阀的设置应符合下列规定：

① 防火阀宜靠近防火分隔处设置。

② 防火阀安装时，应在安装部位设置方便维护的检修口。

③ 在防火阀两侧的 2.0 m 范围内的风管及其绝热材料应采用不燃材料。

④ 防火阀应符合现行国家标准《建筑通风和排烟系统用防火阀门》（GB 15930—2007）的规定。

4. 各种灭火系统的特点

密闭环境内的电气火灾若采用自动灭火系统，一般可采用的灭火措施有气体灭火、气溶胶灭火、水喷雾灭火、泡沫灭火等。

（1）气体灭火系统。

气体灭火包括二氧化碳灭火、卤代烃灭火、卤代烷灭火等，其中后两者存在一定的环境污染，正在逐渐停止使用。由于长距离输送气体将带来压力下降及较大的蒸发量，使有效喷射量减小，为了保证整个综合管廊的消防需求，需设置较多数量的二氧化碳储存站，投资费用较高。因此管廊灭火一般不采用该灭火系统。

（2）气溶胶自动灭火系统。

气溶胶灭火主要是利用固体化学混合物（热气溶胶发生剂）经化学反应生成的具有灭火性质的气溶胶，淹没灭火空间，起到隔绝氧气的作用，从而使火焰熄灭，目前工程中大部分采用 S 型热气溶胶灭火系统。该系统优点是设置方便，灭火系统设备简单，可以带电消防缺点是未及时更换时或药剂失效后，将不能正常使用，每 5～6 年需更换药剂箱，相应产生运行费用，增加管理工作量。如图 3-27 所示。

（3）自动水喷雾灭火系统。

采用自动水喷雾灭火系统时，综合管廊工程需设置消防水泵房以及相关消防管道部分电气设备以及部分自动化控制系统。该系统的优点是可实时监控和有效降低火灾现场的火场温度缺点是综合管廊内部要预留消防去于管和每个消防分区的消防支管的管位，消防主干管以及消防分区的消防支管的管位预留通常会增大综合管廊的断面尺寸。如图 3-28 所示。

图 3-27　气溶胶灭火器

图 3-28　自动水喷雾灭火系统

（4）移动式水喷雾系统。

移动式水喷雾系统是根据综合管廊发生火灾的特点以及可采用的扑救方式所确定的灭火系统。火灾发生时该系统利用综合管廊外部道路上的消防设施（消火栓）通过综合管廊每个消防分区预留的水泵结合器进行灭火。综合管廊内部预留与水泵结合器相连的消防支管。消防支管的服务范围仅为一个防火分区，故消防支管的预留一般对标准断面的影响不大。该系统的特点是系统布置简单，对综合管廊的断面影响小，相对节约投资，虽不可在火灾发生的第一时间进行自动灭火，但对于采取了有效防火措施的综合管廊来说在防火功能上满足要求。

（5）泡沫灭火系统。

泡沫具有封闭效应蒸气效应和冷却效应。封闭效应是指大量的高倍数、中信数泡沫以密集状态封闭了火灾区域，防止新鲜空气流入，使火焰熄灭。蒸气效应是指火焰的辐射热使其附近的泡沫水分蒸发，变成水蒸气，从而吸收了大量的热量。冷却效应是指燃烧物附近的泡沫破裂后的水溶液汇集滴落到燃烧物燥热的表面上，由于水溶液的表面张力相当低，其对燃烧物的冷却深度超过同体积的普通水的作用。高倍数、中倍数泡沫是导体，不能直接与带点部位接触，故必须在断电后才可以喷发泡沫。综合管廊是埋设于地下的封闭空间，其中分隔为较多的防火分区，高倍数泡沫灭火系统可以一次对单个防火分区进行灭火，但系统比较复杂，且需要先断电源才能进行灭火。

3.2.2 通风系统

为排除综合管廊内电缆散发的热量，并补充适量的新鲜空气，需设置通风系统。当管廊内发生火灾时，火情监测器发出的信号使电动防烟防火阀关闭，同时关闭通风机。待火灾解除后由排风机排除烟雾。

1. 综合管廊通风系统的必要性

（1）改善管廊内部空气质量

综合管廊属于封闭的地下构筑物，空气流通不畅，温度较为稳定，湿度大，通风极差。这就需要通风系统改善管廊内部空气质量，确保管廊内各类管线处在良好的工作环境中，保证有害气体处在较低的浓度水平。若管廊内温度处在合适的范围内，还可起到一定的保温效果。

（2）排热排毒

管廊内铺设的电线电缆、供热管道等在使用过程中都会散发出大量的热量，若敷设有天然气舱室，还有可能会出现天然气泄漏等危险情况，因此综合管廊应设置通风系统，以便在可燃气体泄漏或者有毒气体浓度过高时能及时通风，保证管廊内部的余热及危险气体及时排出，并为检修人员提供适量的新鲜空气确保维修人员人身安全，降低事故发生率。并且当管廊内发生火灾时，通风系统有利于控制火势的蔓延、人员的疏散和有害气体及烟雾的及时排出。

2. 综合管廊通风系统的分类

综合管廊通风系统主要有三种方式：自然通风、自然通风辅以无风管的诱导式通风和机械通风。自然通风口示意图如图3-29所示。机械通风口示意图如图3-30所示。三种通风方式优缺点的比较见表3-6。

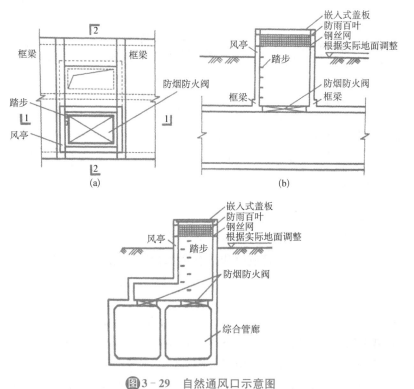

图 3-29 自然通风口示意图

(a) 自然通风口平面图;(b) 1-1 剖面;(c) 2-2 剖面

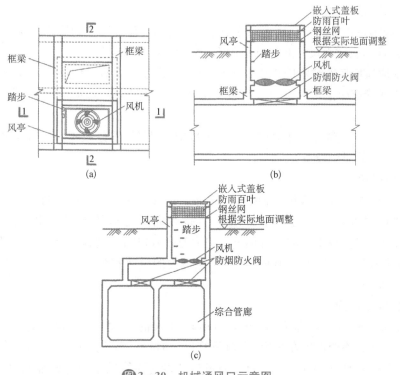

图 3-30 机械通风口示意图

(a) 机械通风口平面图;(b) 1-1 剖面;(c) 2-2 剖面

表 3-6　通风系统方式对比

通风方式	自然通风	自然通风辅以无风管的诱导式通风	机械通风
优点	节省通风设备初投资和运行费用	通风效果良好,同时解决了进、排风口距离受限制和排风竖井建得太高等影响景观的问题	增加了通风分区的长度,减少进、排风竖井的数量
缺点	需要把排风井建得很高,且通风分区不宜过长,需设较多的进、排风竖井,常受地面路况的影响,布置难度较大	通风设备初投资较大	设备初投资和运行费用增加

从表 3-6 可知,一般选择自然通风和机械通风相结合的方式,既满足城市景观和噪声等的要求,又不至于设备初期投资过高,而且通风效果良好。根据《城市综合管廊工程技术规范》(GB 50838—2015),天然气管道舱和含有污水管道的舱室应采用机械进、排风的通风方式。

3.综合管廊通风系统设计重点

(1) 通风分区

通风分区最大间距不宜超过 200 m 且不应跨越防火分区,分割形式采用防火墙加防火门,防火墙耐火等级为一级,防火门采用甲级防火门。通常情况下,一个防火分区即作为一个通风分区,每一分区一端设置自然进风口兼作投料口和逃生口,并设防雨百叶窗自然进风;另一端设两台机械排风机兼排烟风机。

(2) 通风计算

通风量应满足排除综合管廊内余热、余湿、含氧量、有害气体的要求。综合管廊的通风量应根据通风区间、截面尺寸并经计算确定,且应符合下列规定:

① 正常通风换气次数不应小于 2 次/h,事故通风换气次数不应小于 6 次/h。

② 天然气管道舱正常通风换气次数不应小于 6 次/h,事故通风换气次数不应小于 12 次/h。

③ 舱室内天然气浓度大于其爆炸下限浓度值 20%(体积分数)时,应启动事故段分区及其相邻分区的事故通风设备。

(3) 通风风速

风速 3 m/s 相当于 2 级风(轻风),人面感觉有风,树叶微动,对人的行走影响较小。综合管廊的通风口处风速不宜大于 5 m/s,直接朝向人行道的排风口出风风速不宜超过 3 m/s;进风口宜设置在空气洁净的地方。电力舱出入口的空气温度差在 8 ℃以内。综合管廊内部风速不宜超过 1.5 m/s,其中,混凝土风道内的风速宜为 2~6 m/s,金属风道内的风速宜为 10~15 m/s。

(4) 通风口的设置

综合管廊的通风口应加设能防止小动物进入的金属网格,网孔净尺寸不应大于 10 mm×10 mm。格栅设置在车道、步道及管道内时设计荷重应在 500 kg/m² 以上。在管廊沿线,隔断交替设置进风口、排风口。通风口的设置除能满足管廊内部通风、排风需求之外,还需与周边建筑景观协调一致。地上风口一般布置在绿化带或不妨碍景观处。采用防盗防水构造做法设置通风百叶,平面布置在尽量不占用地面绿化的原则下进行设计。立面形式和景观设计统一考虑。如图 3-31 所示。

图 3-31　通风口实例布置

(5) 通风设备的要求。

① 综合管廊的机械风机应符合节能环保要求。通风口处的噪声符合现行国家。

标准《声环境质量标准》(GB 3096—2008)的相关规定,在半径 3 m 的范围内控制在 55 dB 以下。

② 综合管廊舱室内发生火灾时,发生火灾的防火分区及相邻分区的通风设备应能够自动关闭。

③ 天然气管道舱风机应采用防爆风机。

④ 综合舱、电力舱、污水舱排风风机选用双速高温消防风机,污水舱进风风机选用斜流或轴流风机;燃气舱排风风机选用防爆型双速高温消防风机,进风风机选用防爆型斜流或轴流风机;配电间风机采用低噪声壁式风机。为保证管廊内灭火后的排风要求,排烟风机要满足 280 ℃时连续工作 0.5 h 的要求。

(6) 特殊舱室的要求。

① 天然气管道舱室每个防火分区采用独立的通风系统,在每个防火分区的两端各设置一个通风口,设置一个机械进风风机和一个机械排风风机,其中机械排风风机为事故使用风机,风机应当为防爆型。排风口与其他舱室排风口、进风口、人员出入口以及周边建筑物口部距离不应小于 10 m。

② 热力舱按不大于 200 m 间距设置机械排风、自然进风系统,为维修管理人员提供温度不大于 40 ℃的工作环境。

③ 污水舱室每个防火分区应采用独立的通风系统,在每个防火分区的两端各设置一个通风口,设置一个机械进风机和一个机械排烟、排风(事故通风)风机。

(7) 通风系统联动反应要求

① 当综合管廊内空气温度高于 40 ℃或氧气含量低于 19％时,以及需进行线路检修时应开启机械排风机,并应满足综合管廊内环境控制的要求。

② 机械排烟设施。综合管廊内发生火灾时,排烟防火阀应能够自动关闭。当综合管廊发生火灾事故时,消防系统应和通风系统联动,共同控制火灾的蔓延。火灾扑灭后由于残余的有毒烟气难以排除,对人员灾后进入清理十分不利,因此,综合管廊内应设置事故后机械

排烟设施。

③ 通风的控制综合管廊内的通风系统要和监控设备配合,以便于及时检测管廊内的空气质量、温度、有害气体浓度、火情等信息,一旦发生事故工况或火灾,通风系统和消防系统联动,共同控制事故蔓延,减少人员伤亡和财产损失。

3.2.3 供电系统

综合管廊供配电系统接线方案、电源供电电压、供电点、供电回路数、容量等应依据管廊建设规模、周边电源情况、管廊运行管理模式,经技术经济比较后合理确定。综合管廊附属设备中消防设备、监控设备、应急照明宜按二级负荷供电,其余用电设备可按三级负荷供电。据综合管廊负荷性质,综合管廊工程一般采用 10 kV 和 0.4 kV 两个电压等级。按负荷供电分区情况,每一分区需在负荷中心位置设置 10/0.4 kV 变配电所一座,其中综合管廊控制中心设 10 kV 总变配电所,沿线另设分变电所。各级配电系统典型架构见图 3—32。

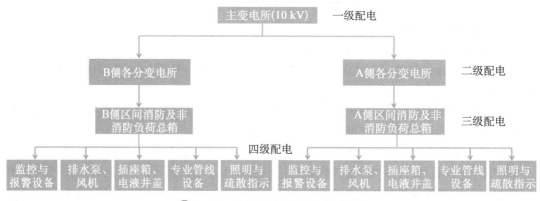

图 3－32 各级配电系统典型架构图

二级负荷(消防负荷):应急照明、燃气舱事故风机、燃气舱紧急切断阀(预留)、火灾报警设备、逃生口液压电力井盖;

三级负荷(非消防负荷):一般照明、一般通风机、排水泵、检修插座箱、非逃生口液压电力井盖。

1. 综合管廊附属设备配电系统设计要求

(1) 综合管廊内的低压配电系统宜采用交流 220/380 V 三相四线 TN－S 系统,并宜使三相负荷平衡。

(2) 综合管廊应以防火分区作为配电单元,各配电单元电源进线截面应满足该配电单元内设备同时投入使用时的用电需要。

(3) 设备受电端的电压偏差:动力设备不宜超过供电标称电压的±5%,照明设备不宜超过+5%～10%。

(4) 应有无功功率补偿措施。

(5) 应在各供电单元总进线处设置电能计量测量装置。

2. 综合管廊内供配电设备设计要求

(1) 供配电设备防护等级应适应地下环境的使用要求,应采取防水防潮措施,防护等级不应低于 IP54;

（2）供配电设备应安装在便于维护和操作的地方，不应安装在低洼、可能受积水浸入的地方；

（3）电源总配电箱宜安装在管廊进出口处。

综合管廊内应有交流 220/380 V 带剩余电流动作保护装置的检修插座，插座沿线间距不宜大于 60 m。检修插座容量不宜小于 15 kW，安装高度不宜小于 0.5 m。

非消防设备的供电电缆、控制电缆宜采用阻燃电缆，火灾时需继续工作的消防设备应采用耐火电缆或不燃电缆。在综合管廊每段防火分区各人员出入口处均应设置本防火分区通风设备、照明灯具的控制按钮。

3. 综合管廊接地规定

（1）综合管廊内的接地系统应形成环形接地网，接地电阻允许最大值不宜大于 10。

（2）综合管廊的接地网宜使用截面面积不小于 40 mm×5 mm 的热镀锌扁钢，在现场应采用电焊搭接，不得采用螺栓搭接的方法。

（3）综合管廊内的金属构件、电缆金属保护皮、金属管道以及电气设备金属外壳均应与接地网连通。地上建（构）筑物应符合防雷规范；地下部分可不设置直击雷防护措施，但在配电系统中应设置防雷电感应过电压的保护措施，并应在综合管廊内设置电位联结系统。

▶ 3.2.4　照明系统

综合管廊较为狭长，照明设备主要考虑对本地照明为主，设计需要考虑供电形式、平均照度、照明器具形式等，如图 3-33 所示。

图 3-33　城市综合管廊内照明

综合管廊内应设正常照明和应急照明，且应符合下列要求：

（1）在管廊内人行道上的一般照明的平均照度不应小于 15 lx，最小照度不应小于 5 lx，在出入口和设备操作处的局部照度可提高到 100 lx，监控室一般照明照度不宜小于 300 lx。

（2）管廊内应急疏散照明照度不应低于 5 lx，应急电源持续供电时间不应小于 60 min。

（3）监控室备用应急照明照度不应低于正常照明照度值。

（4）管廊出入口和各防火分区防火门上方应有安全出口标识灯，灯光疏散指示标识应设置在距地坪高度 1.0 m 以下，间距不应大于 20 m。

（5）灯具应为防触电保护等级 1 类设备，能触及的可导电部分应与固定线路中的保护（PE）线可靠连接。

（6）灯具应防水防潮，防护等级不宜低于IP54，并具有防外力冲撞的防护措施。

（7）光源应能快速启动点亮，应采用节能型光源。

（8）安装高度低于2.2 m的照明灯应采用24 V及以下安全电压供电。当采用220 V电压供电时，应采取防止触电的安全措施，并应敷设灯具外壳专用接地线。照明回路导线应采用不小于2.5 mm截面的硬铜导线，线路明敷设时宜采用保护管或线槽穿线方式布线。

3.2.5　排水系统

由于综合管廊内管道维修的放空，以及其他一些可能发生泄漏的情况，将造成一定的沟内积水，因此，沟内需设置必要的排水设施，见图3-34。

图3-34　排水设施

综合管廊内的排水系统主要满足排出综合管廊的结构渗漏水、管道检修放空水的要求，未考虑管道爆管或消防情况下的排水要求。

（1）综合管廊内应设置自动排水系统；

（2）综合管廊的排水区间应根据道路的纵坡确定，排水区间不宜大于200 m；

（3）综合管廊的低点应设置集水坑及自动水位排水泵；

（4）综合管廊的底板宜设置排水明沟，并通过排水沟将地面积水汇入集水坑内，排水明沟的坡度不应小于0.2%；

（5）综合管廊的排水应就近接入城市排水系统，并应在排水管的上端设置防倒灌措施；

（6）天然气管道舱应设置独立集水坑；

（7）综合管廊排出的废水温度不应高于40 ℃。

3.2.6　监控与报警系统

综合管廊内敷设有电力电缆、通信电缆、给水管道，附属设备多，为了方便综合管廊的日常管理、增强综合管廊的安全性和防范能力，根据综合管廊结构形式、综合管廊内管线及附属设备布置实际情况、日常管理需要，配置综合管廊监控与报警系统。

综合管廊监控与报警系统宜分为环境与设备监控系统、安全防范系统、通信系统、预警与报警系统、地理信息系统和统一管理信息平台等,见表3-7。监控与报警系统的组成及其系统架构、系统配置应根据综合管廊建设规模、纳入管线的种类、综合管廊运营维护管理模式等确定。监控、报警和联动反馈信号应送至监控中心。

表 3-7　监控与报警系统

序号	种类	系统组成
1	安全防范系统	视频监控子系统、入侵报警子系统、出入口控制子系统、电子巡查等
2	通信系统	固定式电话系统、无线对讲电话系统
3	火灾自动报警系统	由各类型的火灾探测器、手动火灾报警按钮、火灾报警器、消防专用电话系统、防火门监控系统、消防联动控制系统等组成
4	地理信息系统	服务点信息采集、软件、数据分系处理、硬件设备等组成
5	环境与设备监控系统	由温湿度监测仪、氧气检测仪、气体探测器、天然气探测器、监控主机、监控子站等组成
6	统一管理信息平台	计算机系统、以太网交换系统、服务器系统、综合监控大屏系统等组成
7	其他系统	防雷接地系统、电子标识系统、弱电系统供电、机房建设系统等

1. 综合管廊环境与设备监控系统设计要求

(1)应能对综合管廊内环境参数进行监测与报警。环境参数检测内容应符合表3-8的规定,含有两种及以上管线的舱室,应按较高要求的管线设置。气体报警设定值应符合国家现行标准《密闭空间作业职业危害防护规范》(GBZ/T 205—2007)的有关规定,见图3-35。

图 3-35　环境参数检测设备

(2)应对通风设备、排水泵、电气设备等进行状态监测和控制;设备控制方式宜采用就地手控、就地自动和远程控制。

(3)应设置与管廊内各类管线配套检测设备、控制执行机构联通的信号传输接口;当管线采用自成体系的专业监控系统时,应通过标准通信接口接入综合管廊监控与报警系统统一管理平台。

(4)环境与设备监控系统设备宜采用工业级产品。

(5)H_2S、CH_4 气体探测器应设置在管廊内人员出入口和通风口处。

表 3-8 环境参数检测内容表

舱室管线类别	给水管道/再生水管道/雨水管道	污水管道	天然气管道	热力管道	电力电缆/通信线缆
温度	●	●	●	●	●
湿度	●	●	●	●	●
水位	●	●	●	●	●
O_2	●	●	●	●	●
H_2S 气体	▲	●	▲	▲	▲
CH_4 气体	▲	●	●	▲	▲

注:●应监测;▲宜监测。

2. 综合管廊安全防范系统设计

(1)综合管廊内设备集中安装地点、人员出入口、变配电间和监控中心等场所应设置摄像机;综合管廊内沿线每个防火分区内应至少设置一台摄像机,不分防火分区的舱室,摄像机设置间距不应大于 100 m。

图 3-36 出入口设置视频监控系统

(2)综合管廊人员出入口、通风口应设置入侵报警探测装置和声光报警器。

(3)综合管廊人员出入口应设置出入口控制装置。

(4)综合管廊应设置电子巡查管理系统,并宜采用离线式。

(5)综合管廊的安全防范系统应符合现行国家标准《安全防范工程技术规范》(GB 50348—2018)、《入侵报警系统工程设计规范》(GB 50394—2007)、《视频安防监控系统工程设计规范》(GB 50395—2007)和《出入口控制系统工程设计规范》(GB 50396—2007)的有关规定。

3. 综合管廊通信系统设计

(1)应设置固定式通信系统,电话应与监控中心连通,信号应与通信网络联通。综合管廊人员出入口或每一个防火分区内应设置通信点;不分防火分区的舱室,通信点设置间距不应大于 100 m。

(2)固定式电话与消防专用电话合用时,应采用独立通信系统。

(3)除天然气管道舱,其他舱室内宜设置用于对讲通话的无线信号覆盖系统。

4. 干线综合管廊及支线综合管廊电力电缆舱火灾自动报警系统设计

(1)应在电力电缆表层设置线型感温火灾探测器,并应在舱室顶部设置线型光纤感温火灾探测器或感烟火灾探测器。

(2)应设置防火门监控系统。

(3)设置火灾探测器的场所应设置手动火灾报警按钮和火灾报警器,手动火灾报警按钮处宜设置电话插孔。

(4)确认火灾后,防火门监控器应联动关闭常开防火门,消防联动控制器应能联动关闭着火分区及相邻分区通风设备、启动自动灭火系统。

（5）应符合现行国家标准《火灾自动报警系统施工及验收标准》（GB 50166—2019）的有关规定。

5. 天然气管道舱可燃气体探测报警系统设计

（1）天然气报警浓度设定值（上限值）不应大于其爆炸下限值（体积分数）的 20％。

（2）天然气探测器应接入可燃气体报警控制器。

（3）当天然气管道舱天然气浓度超过报警浓度设定值（上限值）时，应由可燃气体报警控制器或消防联动控制器联动启动天然气舱事故段分区及其相邻分区的事故通风设备。

（4）紧急切断浓度设定值（上限值）不应大于其爆炸下限值（体积分数）的 25％。

（5）应符合现行国家标准《石油化工可燃气体和有毒气体检测报警设计标准》（GB 50493—2019）、《城镇燃气设计规范》（GB 50028—2006）和《火灾自动报警系统施工及验收标准》（GB 50166—2019）的有关规定。

6. 综合管廊地理信息系统设计

（1）应具有综合管廊和内部各专业管线基础数据管理、图档管理、管线拓扑维护、数据离线维护、维修与改造管理、基础数据共享等功能。

（2）应能为综合管廊报警与监控系统统一管理信息平台提供人机交互界面。

7. 综合管廊统一管理平台设计

（1）应对监控与报警系统各组成系统进行系统集成，并应具有数据通信、信息采集和综合处理功能。

（2）应与各专业管线配套监控系统联通。

（3）应与各专业管线单位相关监控平台联通。

（4）宜与城市市政基础设施地理信息系统联通或预留通信接口。

（5）应具有可靠性、容错性、易维护性和可扩展性。

3.2.7　标识

1. 标识的分类

综合管廊标识系统的功能是以颜色、形状字符、图形等向使用者传递信息，可用于管廊设施的管理使用。主要分为五部分：

（1）安全标识：主要包括禁止标识、警告标识、指令标识、提示标识和消防安全标识等，见图 3-37。

（2）导向标识：主要包括方位标识、方向标识、距离标识（里程）、临时交通标识、特殊节点标识（如：交叉段、倒虹段、各口部标识）等，见图 3-38。

图 3-37　安全标识

图 3-38　导向标识

（3）管线标识：主要包括水、热、燃、电、信等专业管线标识，见图 3－39。

（4）管理标识：主要包括结构类、设备类标识等，见图 3－40。

图 3－39　管线标识　　　　　　　　　　　　　图 3－40　管理标识

（5）其他标识：临时作业区标识、告知标识、植入广告标识等。

2. 标识的设置

（1）综合管廊的主出入口内应设置综合管廊介绍牌，对综合管廊建设时间、规模、容纳的管线等情况进行简介。

（2）纳入综合管廊的管线，应采用符合管线管理单位要求的标识进行区分，标识铭牌应设置于醒目位置，间隔距离应不大于 100 m 标识铭牌应标明管线属性、规格、产权单位名称、紧急联系电话。

（3）在综合管廊的设备旁边，应设置设备铭牌，铭牌内应注明设备的名称、基本数据、使用方式及其紧急联系电话。

（4）综合管廊内部应设置里程标志，交叉口处应设置方向标志。

（5）人员出入口、逃生口、管线分支口、灭火器材设置处等部位，应设置带编号的标识。

（6）综合管廊穿越河道时，应在河道两侧醒目位置设置明确的标识。

任务小结

城市综合管廊附属设施设计要合理确定监控中心、变电所、投料口、通风口、人员出入口等配套设施规模、用地和建设标准，并与周边环境相协调。还要明确消防、通风、供电、照明、监控和报警、排水、标识等相关附属设施的配置原则和要求。

课后任务及评定

1. 简答题

（1）防火门的设置应符合哪些规定？

（2）综合管廊附属设备配电系统有哪些设计要求？

（3）综合管廊标志标识系统如何分类？

（4）综合管廊通风系统主要有哪三种方式？试比较他们的优缺点。

（5）综合管廊监控与报警系统有哪些部分组成？

2．填空题

（1）综合管廊的承重结构体的燃烧性能应为不燃烧体，耐火极限不应低于_____h。

（2）在综合管廊的人员出入口处，应设置灭火器、消防沙箱等灭火器材，灭火器材的设置间距不应大于_____m。

（3）电力舱内设置的灭火器应为_____灭火器。

（4）据综合管廊负荷性质，综合管廊工程一般采用_____kV和0.4 kV两个电压等级。

（5）综合管廊的排水区间应根据道路的纵坡确定，排水区间不宜大于_____m。

（6）不分防火分区的舱室，通信点设置间距不应大于_____m。

（7）综合管廊的底板宜设置排水明沟，并通过排水沟将地面积水汇入集水坑内，排水明沟的坡度不应小于_____%。

（8）综合管廊内沿线每个防火分区内应至少设置一台摄像机，不分防火分区的舱室，摄像机设置间距不应大于_____m。

任务 3.2
课后习题及答案

任务 3.3　城市综合管廊结构设计

工作任务

掌握城市综合管廊结构设计依据及内容，具体任务如下：

（1）了解城市综合管廊主体设计相关标准；

（2）掌握城市综合管廊作用荷载及构造要求。

工作途径

《城市综合管廊工程技术规范》（GB 50838—2015）；

《混凝土结构耐久性设计规范》（GB/T 50476—2019）

《城市综合管廊工程设计指南》。

任务单 3.3

成果检验

（1）对照完成任务单，完成习题自测；

（2）本任务采用教师评价方式打分。

3.3.1　综合管廊设计标准

综合管廊土建工程设计应采用以概率理论为基础的极限状态设计方法，应以可靠指标度量结构构件的可靠度。综合管廊结构设计应对承载能力极限状态和正常使用极限状态进行计算。

（1）承载能力极限状态：对应于管廊结构达到最大承载能力，管廊主体结构或连接构件因材料强度被超过而破坏；管廊结构因过量变形而不能继续承载或丧失稳定；管廊结构作为刚体失去平衡（横向滑移、上浮）。

（2）正常使用极限状态：对应于管廊结构符合正常使用或耐久性的某项规定限值；影响正常使用的变形量限值；影响耐久性能的控制开裂或局部裂缝宽度限值等。

（3）综合管廊工程的结构设计使用年限应为 100 年。综合管廊作为城市生命线工程，同样需要把结构设计年限提高到 100 年。

综合管廊结构应根据设计使用年限和环境类别进行耐久性设计，并应符合现行国家标准《混凝土结构耐久性设计规范》（GB/T 50476—2019）的有关规定。综合管廊工程应按乙类建筑物进行抗震设计，并应满足国家现行标准的有关规定。

（4）结构安全等级应为一级，结构中各类构件的安全等级宜与整个结构的安全等级相同。

（5）结构构件的裂缝控制等级应为三级，结构构件的最大裂缝宽度限值应小于或等于 0.2 mm，且不得贯通。综合管廊应根据气候条件、水文地质状况、结构特点、施工方法和使用条件等因素进行防水设计，防水等级标准应为二级并应满足结构的安全、耐久性和使用要求。综合管廊的变形缝、施工缝和预制构件接缝等部位应加强防水和防火措施。

3.3.2 材料设计要求

1. 水泥

水泥宜选用强度等级不低于 42.5 级的硅酸盐水泥、普通硅酸盐水泥，其性能指标应符合 GB 175 或相应水泥标准的规定。

进厂水泥应有水泥生产厂提供的质量合格证书或质量检验报告。企业应对强度等级、标准稠度用水量、凝结时间和体积安定性等主要性能指标取样检验。

水泥堆放层数不宜超过 10 层。库内应有防潮措施。水泥应先到先用。贮存中的水泥不应有风化、结块现象，水泥贮存期不应超过 3 个月。对超过贮存期的水泥应复检强度等级。

2. 骨料

（1）细骨料

细骨料宜采用细度模数为 2.3～3.3 的硬质中粗砂，含泥量不宜大于 2%，其性能指标应符合 GB/T 14684 的规定。

细骨料进厂应按标准规定进行检验，合格后方能使用。检验项目包括天然砂的含泥量及泥块含量、机制砂的石粉含量及泥块含量和砂子颗粒级配。

（2）粗骨料

粗骨料宜采用 4.75 mm～31.5 mm 的碎石或卵石，其性能应符合 GB/T 14685 的规定。粗骨料最大粒径不宜大于钢筋净间距的 3/4，含泥量不宜大于 1%。粗骨料进厂应按标准规定进行检验，合格后方能使用。检验项目包括含泥量、泥块含量、压碎值、针片状颗粒含量和颗粒级配。

3. 水

混凝土拌合用水应符合 JGJ 63 的规定。

4. 混凝土外加剂

根据需要选用合适的混凝土外加剂，其性能应符合 GB 8076 的规定，外加剂不应对钢筋有腐蚀,当采用蒸汽养护时,外加剂应适用于蒸汽养护。

混凝土外加剂使用前,应按 GB 50119 的要求进行混凝土配合比试配试验,符合要求方可使用,外加剂的掺量由试验确定。混凝土外加剂宜采用水剂。

5.混凝土掺合料

拌制混凝土允许掺入适量的粉煤灰、矿渣粉等混凝土掺合料。粉煤灰应符合 GB/T 1596 的规定并不低于 II 级技术要求,矿渣粉应符合 GB/T 18046 的规定并不低于 S95 级技术要求,其他掺合料应符合相关标准的规定。

6.钢材

(1)钢筋宜采用热轧带肋钢筋、热轧光圆钢筋、冷轧带肋钢筋,其性能应分别符合 GB/T 1499.2、GB/T 1499.1、GB/T 13788 的规定。管廊之间的连接钢筋宜采用预应力混凝土用钢绞线,性能应符合有关的规定。

钢筋进场前严格按要求检查品种、级别、规格、数量与材料单要一致、产品合格证、出厂检验报告和进场复验报告等厂质量证明文件是否齐全真实有效,抽取试件作力学性能检验,其质量必须符合有关标准的规定。钢筋进厂的检验项目包括屈服强度、抗拉强度、伸长率、弯曲性能。如采用闪光对焊焊接钢筋,应按照 JGJ 18 的规定进行验收。

(2)钢筋进场前和使用前全数检查钢筋外观质量、是否平直、无损伤、表面不得有夹渣、重皮、裂纹、油污、颗粒状或片状老锈、颜色一致、查看钢筋直径要符合要求、以免影响钢筋强度和锚固性能。钢板、焊条等进场前检查同钢筋检查项。

(3)进场的钢筋存放在钢筋存放区按照品种、规格、级别分类挂牌存放,由材料员和保管员验收入库,钢筋存放要求上盖下垫,防止生锈。

7.接口密封材料

预制混凝土管廊承插口工作面采用契形胶圈或胶条,端面采用梯形胶条。弹性橡胶密封圈材质宜采用三元乙丙橡胶、氯丁橡胶或聚异戊二烯橡胶。弹性橡胶密封圈的硬度、拉伸强度、拉断伸长率、压缩永久变形等性能指标应符合设计和 GB/T 21873 的有关规定,防霉等级优于二级,抗老化性能应符合管廊使用寿命要求。遇水膨胀橡胶止水胶条的体积膨胀倍率、硬度、拉伸强度、拉断伸长率等性能指标应符合设计和 GB/T 18173.3 的有关规定,防霉等级优于二级。密封胶(膏)宜采用混凝土接缝用建筑密封胶,性能指标应符合设计和 JC/T 881 的有关规定。

3.3.3 荷载与作用

综合管廊结构上的作用,按性质可分为永久作用和可变作用。

(1)永久作用包括结构自重、土压力、预加应力、重力流管道内的水重、混凝土收缩和徐变产生的荷载、地基的不均匀沉降等。

(2)可变作用包括人群载荷、车辆载荷、管线及附件荷载、压力管道内的静水压力(运行工作压力或设计内水压力)及真空压力、地表水或地下水压力及浮力、温度作用、冻胀力、施工荷载等。

作用在综合管廊结构上的荷载须考虑施工阶段以及使用过程中荷载的变化,选择使整体结构或预制构件应力最大、工作状态最为不利的荷载组合进行设计。地面的车辆荷载一般简化为与结构埋深有关的均布荷载,但覆土较浅时应按实际情况计算。

以下以矩形横断面综合管廊为例说明管廊的荷载计算原理,综合管廊荷载计算,内力计算,截面验算取每延米为计算单位,如图 3 – 41 所示。

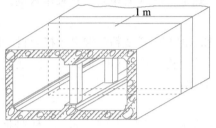

图 3 – 41　综合管廊取每延米为计算单位

1. 作用于顶板上的荷载

如图 3 – 42 所示,作用于顶板上的荷载包括覆土压力、水压力、顶板自重、特载以及路面活荷载。即 $q_顶 = q_土 + q_水 + q_自 + q_顶^t + q$。

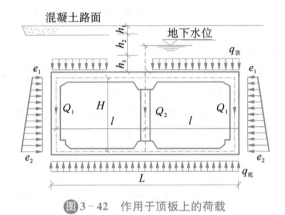

图 3 – 42　作用于顶板上的荷载

其中:$q_土 = \sum_i \gamma_i h_i (\mathrm{kN/m^2})$;$q_水 = \sum_i \gamma_w h_w (\mathrm{kN/m^2})$。

2. 作用于底板上的荷载

如图 3 – 43 所示,即 $q_底 = q_顶 + \dfrac{\sum Q}{L} + q_底^t$。

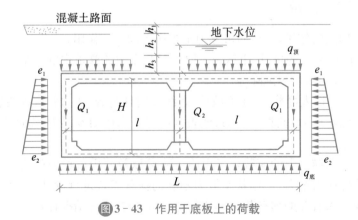

图 3 – 43　作用于底板上的荷载

在进行内力计算之前,先根据以往的经验(参照已有的类似的结构)或近似计算方法假定各个杆件的截面尺寸。经内力计算后,再来验算所设截面是否合适。否则,重复上述过程,直至所设截面合适为止。

3.3.4　综合管廊构造要求

1. 配筋型式

当荷载较大时,需验算支托的抗剪强度,并配置钢箍和弯起筋。考虑动载作用的地下结构物,为提高构件的抗冲击动力性能,构件断面上宜如图 3-44 所示配置双筋。

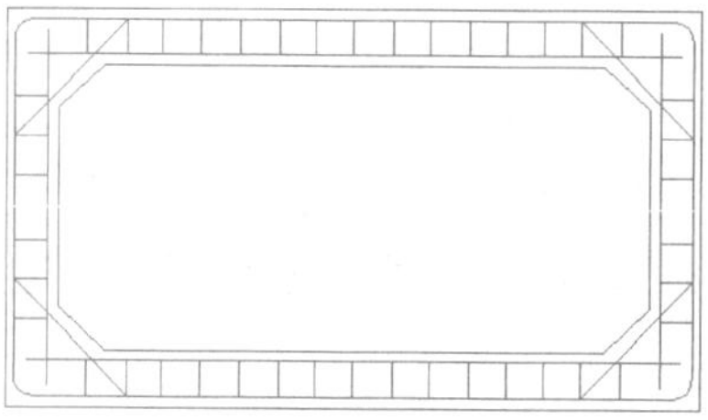

图3-44　综合管廊配筋示意图

2. 分布钢筋

考虑混凝土的收缩、温差、不均匀沉陷等因素,须配置构造钢筋。纵向分布钢筋的截面面积,一般应不小于受力钢筋截面积的 10%,同时,纵向分布钢筋的配筋率:对顶、底板不宜小于 0.15%;对侧墙不宜小于 0.20%。

纵向分布钢筋应沿框架周边各构件的内、外两侧布置,其间距可采用 100～300。框架角部分布钢筋应适当加强(如加粗或加密),其直径不小于 12～14。

3. 箍筋

地下结构断面厚度较大,一般可不配置箍筋。

框架结构的箍筋间距在绑扎骨架中不应大于 15 d,在焊接骨架中不应大于 20 d(d 为受力钢筋中的最小直径),同时不应大于 400 mm。

在受力钢筋非焊接接头长度内,搭接钢筋为受拉筋时,箍筋间距不应大于 5 d,为受压筋时,箍筋间距不应大于 10 d。

4. 变形缝的设置与构造

为防止结构由于不均匀沉降、温度变化和混凝土收缩等引起破坏,沿结构纵向,每隔一定距离需设置变形缝。变形缝的间距为 30 m 左右。

变形缝分为两种:

防止由于温度变化或混凝土收缩而引起结构破坏所设置的伸缩缝;防止由于不同的结构类型(或结构相邻部分具有不同荷载),或不同地基承载力而引起结构不均匀沉陷所设置的沉降缝。

变形缝的做法一般有以下三种:

(1) 贴附式(亦称为可卸式变形缝),可用于一般地下工程中,如图 3-45 所示。

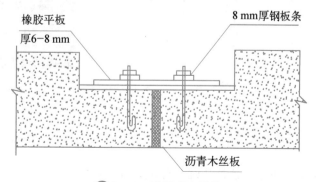

图3-45　贴附式变形缝

将厚度 6～8 mm 的橡胶平板用钢板条及螺栓固定结构上。

优点:橡胶平板年久老化后可以拆换。

缺点:不易使橡胶平板和钢板密贴。

(2) 埋入式

把橡胶或塑料止水带埋入,如图 3-46 所示。优点是防水效果可靠,橡胶老化问题需待改进,在大型工程中普遍采用。在表面温度高于 50 ℃或受强氧化及油类等有机物质侵蚀的地方,可在中间埋设紫铜片,但造价高。

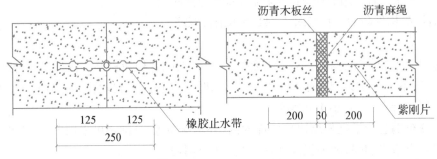

图 3-46 埋入式变形缝

(3) 混合式

当防水要求很高,承受较大的水压力时,可采用混合式,如图 3-47 所示。其中的可注浆预埋管技术是近年来很多国家采用的技术,其防水效果好,但施工程序多,造价高。

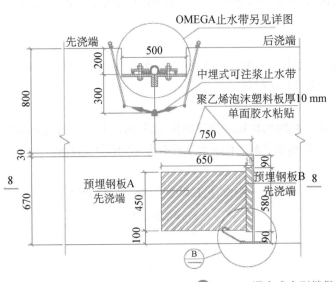

图 3-47 混合式变形缝做法

任务小结

依据我国的《建筑结构可靠性设计统一标准》(GB 50068—2018)以及相关的技术规范,管廊结构设计时要保证基准期至少 100 年,因此,城市综合管廊结构设计必须要与不同地段的周边工程以及生态环境而变化,合理选择施工方法,在材料选取、配合比设计、作用荷载计算及构造设计的过程中要尽量减少不必要的浪费。

课后任务及评定

1. 简答题

(1) 综合管廊结构上的作用有哪些?

(2) 试述综合管廊分布钢筋的构造要求。

(3) 综合管廊对钢筋有哪些要求?

(4) 变形缝的做法一般有哪些?

(5) 作用于顶板、和底板上的荷载分别有哪些?

2. 填空题

(1) 综合管廊工程的结构设计使用年限应为_____年。

(2) 结构构件的裂缝控制等级应为三级,结构构件的最大裂缝宽度限值应小于或等于_____mm,且不得贯通。

(3) 预制混凝土管廊承插口工作面采用契形胶圈或胶条,端面采用_____。

(4) 综合管廊结构上的作用,按性质可分为_____和_____。

(5) 纵向分布钢筋的截面面积,一般应不小于受力钢筋截面积的_____。

任务 3.3

课后习题及答案

(6) 框架结构的箍筋间距在绑扎骨架中不应大于_____,在焊接骨架中不应大于_____。

(7) 变形缝的间距为_____m 左右。

任务 3.4　案例示范(自主学习)

工作任务

自主学习城市综合管廊工程设计案例。

工作途径

扫描本教程教学资源库二维码。

某新城区综合管廊设计案例

成果检验

本任务不做考核。

某新城区综合管廊设计案例,具体内容扫描二维码:

拓展阅读

　　综合管廊属于狭小空间多类型管道系统的容纳空间,尤其是出线井、管廊交叉节点、投料口等场所管道、支吊架、支墩、人员通行及材料运输通道、楼梯、排水、照明及供电等内容庞杂,空间狭小,采用传统的二维设计模式常常在施工阶段才发现设计方面存在的问题,造成工期延长、时间浪费和费用增加。采用 BIM 方式来进行设计,通过三维碰撞检查,可以使管道支吊架、支墩、阀门等布置更加合理、管道出线、管道交叉、管线分支连接更加合理;通过各专业共享 BIM 模型,及时发现专业矛盾并进行化解,提升整体质量和综合效率;通过 BIM 模型,自动生成平面、剖面、材料表等专题图纸,实现 BIM 模型和专题图纸的联动更新,大大提高工作效率,减少图纸错误。BIM技术的可视化、数据化、协同化、共享化、联动性、无损传递性、强整合性等特性,对应对逐渐出现的新的复杂问题表现出了强大的优势。BIM 技术在城市综合管廊工程设计阶段的具体应用扫描二维码:

BIM 技术在城市综合管廊设计阶段应用

运筹帷幄
决胜千里

项目4 城市综合管廊施工

项目导读

城市综合管廊建设是城市基础建设的重要内容,是优化城市环境的重要途径,市政工程项目中的管道较多,并且不同的管道交错复杂,因此在市政工程建设过程中要积极加强综合管廊建设及具体施工方法研究,以确保管道建设更加科学合理。

本项目从城市综合管廊施工准备开始,逐步介绍城市综合管廊明挖法、浅埋暗挖法、盾构法、顶进法、现浇法、预制拼装法等不同施工方法及要点。

学习目标

1. 掌握城市综合管廊施工准备的具体内容,会对设计文件进行核对;

2. 掌握城市综合管廊明挖法具体施工方法及要点;能够按照施工规范对关键工序进行施工操作,能根据工程质量验收方法及规范进行质量检验;

3. 掌握城市综合管廊浅埋暗挖法具体施工方法及要点,能够按照施工规范对关键工序进行施工操作,能根据工程质量验收方法及规范进行质量检验;

4. 掌握城市综合管廊盾构法具体施工方法及要点,能够按照施工规范对关键工序进行施工操作,能根据工程质量验收方法及规范进行质量检验;

5. 掌握现浇城市综合管廊具体施工方法及要点,能够按照施工规范对关键工序进行施工操作,能根据工程质量验收方法及规范进行质量检验;

6. 掌握预制拼装城市综合管廊具体施工方法及要点,能够按照施工规范对关键工序进行施工操作,能根据工程质量验收方法及规范进行质量检验;

7. 掌握城市综合管廊顶进法具体施工方法及要点,能够按照施工规范对关键工序进行施工操作,能根据工程质量验收方法及规范进行质量检验;

8. 了解城市综合管廊附属构造物的施工方法及要点,能够按照施工规范对关键工序进行施工操作,能根据工程质量验收方法及规范进行质量检验。

任务 4.1　城市综合管廊施工准备

工作任务

掌握城市综合管廊施工准备具体工作内容。

具体任务如下:

(1) 结合《城市综合管廊工程技术规范》(GB 50838—2015)了解掌握城市综合管廊工程施工准备的一般要求及内容,会对设计文件进行核对;

(2) 结合《城市综合管廊工程施工技术指南》,掌握城市综合管廊工程实施性施工组织设计具体方法;

(3) 掌握城市综合管廊工程场地布置方法及要点。

工作途径

《城市综合管廊工程技术规范》(GB 50838—2015);

《建筑地基基础工程施工质量验收标准》(GB 50202—2018);

《城市综合管廊工程施工技术指南》。

任务单 4.1

成果检验

(1) 对照任务单完成课前预习、课中考核及分工协作,完成课后习题自测;

(2) 本任务采用学生线上自测及教师线下评价综合打分。

1. 施工准备一般要求

施工前测量人员应收集设计和测绘资料,并应根据施工方法和现场测量控制点状况制定施工测量方案。施工测量前应对接收的测绘资料进行复核,对各类控制点进行检测,并应在施工过程中妥善保护测量标志。施工放样应依据卫星定位点、精密导线点、线路中线控制点及一等水准点等测量控制点进行。地下平面和高程起算点应采用直接从地面通过联系测量传递到地下的近井点。地下起算方位边不应少于 2 条,起算高程点不应少于 2 个。地下平面和高程控制点标志,应根据施工方法和管廊结构形状确定,并宜理设在管廊底板、顶板或两侧边墙上。贯通面一侧的管廊长度大于 1500 m 时,应在适当位置,通过钻孔投测坐标点或加测陀螺方位角等方法提高控制导线精度。地下平面和高程控制点使用前,必须进行检测。地下平面控制测量、地下高程控制测量,在综合管廊贯通前应独立进行 3 次,并以 3 次测量的加权平均值指导综合管廊贯通。

暗挖法综合管廊掘进初期,施工测量应以联系测量成果为起算依据,进行地下施工导线和施工高程测量,测量前应对联系测量成果进行检核。随着暗挖法综合管廊的延伸,应以建立的地下平面控制点和地下高程控制点为依据进行地下施工导线和施工高程测量,应以地下平面控制点或施工导线点测设线路中线和综合管廊中线,以地下高程控制点或施工高程点测设施工高程控制线。综合管廊掘进面距贯通面 60 m 时,应对线路中线综合管廊中线和高程控制线进行检核,贯通后,应随即进行平面和高程贯通误差测量。

施工期间应进行线路结构和临近主要建筑物的变形测量。应根据国家有关规定,定期对测量仪器和工具进行检定。作业时应消除作业环境对仪器的影响。

2. 施工调查

施工调查应针对工程特点,拟定调查内容、步骤、范围调查结束后,应提出完整的施工调查报告。施工前应做好下列工作:

(1) 现场核对设计文件;

(2) 察看工程的施工条件,包括施工运输、水源供电、通信、场地布置、弃渣场地及容纳

能力、征地、拆迁情况等;

(3) 相邻工程的情况和施工安排;

(4) 当地原料、材料及半成品的品种、质量、价格及供应能力;

(5) 当地的交通运输状况,包括运能、运价、装卸费率等;

(6) 可利用的动力、电源和通信情况;

(7) 当地的气象、水文、水质情况;

(8) 当地生活供应、医疗、卫生、防疫及居民点的社会治安情况;

(9) 当地对环境保护的一般规定 和特殊要求。

施工调查报告应包括下列内容:

(1) 工程概况,包括工程环境、工程地质、水文地质、工程规模、数量和特点;

(2) 临时设施施工方案,包括大型临时设施,如材料厂、便道电力、通信干线、码头、便桥等的设置地点、规模和标准;小型临时设施和临时房屋的标准和数量;

(3) 砂、石等大堆材料供应;

(4) 生产及生活供水、供电方案;

(5) 施工通信方案;

(6) 当地风俗习惯及注意事项;

(7) 施工中的环境保护要求及实施办法;

(8) 尚待解决的问题。

3. 环境保护

施工单位应当遵守国家有关环境保护的法律规定,采取措施控制施工现场的各种粉尘、废气、废水、固定废弃物以及噪声、振动对环境的污染和危害。施工单位应当采取下列防止环境污染的措施:

(1) 妥善处理泥浆水,未经处理不得直接排入城市排水设施和河流;

(2) 除设有符合规定的装置外,不得在施工现场熔融沥青或者焚烧油毡、油漆以及其他会产生有毒有害烟尘和恶臭气体的物质;

(3) 采取有效措施控制施工过程中的扬尘;

(4) 禁止将有毒有害废弃物用作土方回填;

(5) 对产生噪声、振动的施工机械,应采取有效控制措施,减轻噪声扰民。综合管廊工程施工由于受技术、经济条件限制,对环境的污染不能控制在规定范围内的,建设单位应当会同施工单位事先报请当地人民政府建设行政主管部门和环境行政主管部门批准。

4. 设计文件的核对

对设计文件应做好以下核对工作:

(1) 技术标准、主要技术条件、设计原则;

(2) 综合管廊的平面及断面;

(3) 综合管廊设计的勘测资料,如地形、地貌、工程地质、水文地质、钻探图表等;

(4) 综合管廊穿过不良地质地段的设计方案,施工.对环境造成影响的预防措施;

(5) 综合管廊洞口位置,洞门式样,洞身衬砌类型,辅助坑道的类型和位置,洞口边坡、仰坡的稳定程度;

(6) 施工方法和技术措施;

（7）洞门与洞口段的其他各项工程；

（8）洞口排水系统和排水方式。

施工单位应全面熟悉设计文件，并会同设计单位进行现场核对，当与实际情况不符时，应及时提出修改意见。例如，控制桩和水准基点的核对和交接应做好以下工作：

（1）综合管廊控制桩和水准基点的交接应在建设单位主持下，由设计单位持交桩资料向施工单位逐桩逐点交接确认，遗失的应补桩，资料与现场不符的应要求更正；

（2）对接收的控制桩和水准基点，应实行相应等级的测量复核，确认其正确无误后方可作为施工的依据。

5. 实施性施工组织设计

编制实施性施工组织设计必须通过全面的调查研究，在确定建设项目的工期要求和投资计划前提下，有计划地合理组织和安排好工期、施工方法、施工顺序，并提出劳动力、材料、机具设备等的需要量。实施性施工组织设计的编制，应遵循下列原则：

（1）满足指导性和综合性施工组织设计；

（2）应在详细调查研究的基础上，进行术经济方案的比选，根据最优的方案进行设计；

（3）应完善施工工艺，积极采用新技术、新工艺、新材料、新设备；

（4）因地制宜，就地取材；

（5）根据工程特点和工期要求，安排好施工顺序及工序的衔接；

（6）提高施工机械化水平，提高劳动生产率，减轻劳动强度，加快施工进度，确保工程质量；

（7）符合环境保护和劳动卫生有关法律、法规的要求。

编制实施性施工组织设计应以下列内容为依据：

（1）建设项目的修建要求，如施工总工期，分段工期和分期投资计划等；

（2）设计文件、有关标准和施工工法；

（3）调查资料，如气象、交通运输情况、当地建筑材料分布、临时辅助设施的修建条件，以及水、电通信等情况；

（4）在已有管线埋设的施工段，应包括既有管线的现状及设备可资利用情况等资料；

（5）施工力量及机具现状情况；

（6）现行施工定额和本单位实际施工水平。

实施性施工组织设计主要应包括下列内容：

（1）地理位置、地理特征、气候气象、工程地质、水文地质、工程设计概况、工期要求、主要工程数量等；

（2）工程特点、施工条件、施工方案；

（3）洞口场地，洞内管线及风、水、电供应办法；

（4）施工进度安排、施工形象进度及进度指标；

（5）进洞方案、开挖方法、爆破设计、装碴运输、支护、衬砌、通风、排水、施工测量、监控量测、工程试验等；

（6）机械设备配备、劳动力配备、主要材料供应计划、当地材料供给等；

（7）施工管理、工程质量和施工安全保证措施等；

（8）环境保护及其他。

6. 施工机械准备

施工机械应根据综合管廊实施性施工组织设计的要求配备。为确保正常施工,应保证施工机械情况良好,零配件、附件及履历书齐全,施工机械的准备应适应施工进度的要求迅速而及时地分期完成。施工机械的安装与调试应符合下列要求:

(1) 施工机械的安装不得在松软地段、危岩塌方、滑坡或可能受洪水、飞石、车辆冲击等处所进行。特殊情况下应有可靠的防护措施,并确保安全;

(2) 机械设备的安装技术要求,应参照机械说明书的有关规定,底座必须稳固,安装完毕后应进行安全检查及性能试验,并经试运转合格后,方可投入使用;

(3) 机械调试方法和步骤必须按照技术说明书等资料要求进行。

7. 施工场地与临时工程

施工场地布置应符合下列要求:

(1) 有利于生产,文明施工,节约用地和保护环境;

(2) 事先统筹规划,分期安排,便于各项施工活动有序进行,避免相互干扰。

施工场地布置应包括下列内容:

(1) 确定卸渣场的位置和范围;

(2) 轨道运输时,洞外出碴线、编组线、牵出线和其他作业线的布置;

(3) 汽车运输道路和其他运输设施的布置;

(4) 确定风、水、电设施的位置;

(5) 确定大型机具设备的组装和检修场地;

(6) 确定砂、石等材料、施工备品及回收材料的堆放场地;

(7) 确定各种生产、生活等房屋的位置;

(8) 场内临时排水系统的布置;

(9) 混凝土拌合站(场)和预制场的布置;

临时工程施工应符合下列要求:

(1) 运输道路应满足运量和行车安全的要求。引入线在不影响洞口边坡、仰坡安全的情况下宜引至洞口,并应避免与卸渣线等相互干扰,使用中应加强养护维修,确保畅通;

(2) 高压、低压电力线路及变压器和通信线路应按规定统一布置及早建成;

(3) 临时房屋应本着有利生产、方便生活及勤俭节约的原则,或租或建,就近解决;

(4) 严禁将住房等临时设施布置在受洪水、泥石流、落石、雪茄、滑坡等自然灾害威胁的地点。洞口段为不良地质时,不应在其洞顶修建房屋、高压水池和其他建筑;

(5) 各种房屋按其使用性质应遵守相应的安全消防规定。爆破器材库、油库的位置应符合有关规定。房屋区内应有通畅的给水排水系统,并避开高压电线;

(6) 弃渣应选择合适的地点,弃渣不得堵塞沟槽和挤压河道,亦不得挤压桥梁墩台及其他建筑物。弃渣堆的边坡应作防护,防止水土流失。临时工程及场地布置应采取措施保护自然环境。

8. 作业人员

综合管廊施工前应根据工程特点、新技术推广和新型机械配备等情况,对从事有特殊要求的专业施工作业的人员应符合有关劳动法规的规定,并需要按照要求持证上岗。如有必要还要对职工进行安全技术交底和培训。

9. 施工测量

(1) 地下平面控制测量

从综合管廊掘进起始点开始,直线综合管廊每掘进 200 m 或曲线综合管廊每掘进 100 m 时,应布设地下平面控制点,并进行地下平面控制测量。控制点间平均边长宜为 150 m。曲线综合管廊控制点间距不应小于 60 m。控制点应避开强光源、热源、淋水等地方,控制点间视线距综合管廊壁应大于 0.5 m。平面控制测量应采用导线测量等方法,导线测量应使用不低于 Ⅱ 级全站仪施测,左右角各观测两测回,左右角平均值之和与 360° 较差应小于 4″,边长往返观测各两测回,往返平均值较差应小于 4 mm。测角中误差为 +2.5″,测距中误差为 ±3 mm。

控制点点位横向中误差宜符合下式要求:

$$m_u \leqslant m_\varphi \times (0.8 \times d/D) \tag{4-1}$$

式中,m_u——导线点横向中误差(mm);

m_φ——贯通中误差(mm);

d——控制导线长度(m);

D——贯通距离(m)。

每次延伸控制导线前,应对已有的控制导线点进行检测,并从稳定的控制点进行延伸测量。控制导线点在综合管廊贯通前应至少测量三次,并应与竖井定向同步进行。综合管廊长度超过 1500 m 时,除满足现行国家标准《工程测量规范》(GB 50026—2016)的要求外,还宜将控制导线布设成网或边角锁等。相邻竖井间或相邻车站间综合管廊贯通后,地下平面控制点应构成附合导线(网)。

(2) 地下高程控制测量

高程控制测量应采用二等水准测量方法,并应起算于地下近井水准点。高程控制点可利用地下导线点,单独埋设时宜每 200 m 埋设一个。地下高程控制测量的水准线路往返较差、附合或闭合差为 $\pm 8\sqrt{L}$ mm。

水准测量应在管廊贯通前进行三次,并应与传递高程测量同步进行。重复测量的高程点间的高程较差应小于 5 mm。满足要求时,应取逐次平均值作为控制点的最终成果指导管廊的掘进。相邻竖井间管廊贯通后,地下高程控制点应构成附合水准路线。

(3) 基坑围护结构施工测量

采用地下连续墙围护基坑时,其施工测量技术要求应符合下列规定:

连续墙的中心线放样中误差应为 ±10 mm;内外导墙应平行于地下连续墙中线,其放样允许误差应为 ±5 mm;连续墙槽施工中应测量其深度、宽度和铅垂度;连续墙竣工后,应测定其实际中心位置与设计中心线的偏差,偏差值应小于 30 mm。

采用护坡桩围护基坑时,其施工测量技术要求应符合下列规定:

护坡桩地面位置放样,应依据线路中线控制点或导线点进行,放样允许误差纵向不应大于 100 mm、横向为 0~+50 mm;桩成孔过程中,应测量孔深、孔径及其铅垂度;采用预制桩施工过程中应监测桩的铅垂度;护坡桩竣工后,应测定各桩位置及与轴线的偏差,其横向允许偏差值为 0~+50 mm。

(4) 基坑开挖施工测量

采用自然边坡的基坑,其边坡线位置应根据线路中线控制点进行放样,其放样允许误差为±50 mm。基坑开挖过程中,应使用坡度尺或采用其他方法检测边坡坡度,坡脚距管廊结构的距离应满足设计要求。

基坑开挖至底部后,应采用附合导线将线路中线引测到基坑底部。基坑底部线路中线纵向允许误差为±10 mm,横向允许误差为±5 mm。高程传人基坑底部可采用水准测量方法或光电测距三角高程测量方法。光电测距三角高程测量应对向观测,垂直角观测、距离往返测距各两测回,仪器高和觇标高精确至毫米。水准测量和光电测距三角高程测量精度要求应符合国家现行相关规范的规定。

(5)结构施工测量

结构底板绑扎钢筋前.应依据线路中线,在底板垫层上标定出钢筋摆放位置,放线允许误差应为±10 mm。底板混凝土模板、预埋件和变形缝的位置放样后,必须在混凝土浇筑前进行检核测量。结构边墙、中墙模板支立前,应按设计要求,依据线路中线放样边墙内侧和中墙两侧线,放样允许偏差为0～+5 mm。顶板模板安装过程中,应将线路中线点和顶板宽度测设在模板上,并应测量模板高程,其高程测量允许误差为0～+10 mm。中线测量允许误差为±10 mm,宽度测量允许误差为－10～+15 mm。

相邻结构贯通后,应进行贯通误差测量。贯通误差测量的内容和方法应参照现行国家标准《工程测量规范》(GB 50026—2016)的有关规定执行。结构施工完成后,应对设置在底板上的线路中线点和高程控制点进行复测,测量方法和精度要求应参照现行国家标准《工程测量规范》(GB 50026—2016)的有关规定执行。

(6)贯通误差测量

综合管廊贯通后应利用贯通面两侧平面和高程控制点进行贯通误差测量。贯通误差测量应包括综合管廊的纵向、横向和方位角贯通误差测量以及高程贯通误差测量。综合管廊的纵向、横向贯通误差,可根据两侧控制点测定贯通面上同一临时点的坐标闭合差,并应分别投影到线路和线路的法线方向上确定:也可利用两侧中线延伸到贯通面上同一里程处各自临时点的间距确定。方位角贯通误差可利用两侧控制点测定与贯通面相邻的同一导线边的方位角较差确定。高程贯通误差应由两侧地下高程控制点测定贯通面附近同一水准点的高程较差确定。

(7)竣工测量

综合管廊竣工时,为了检查主要结构物位置是否符合设计要求和提供竣工资料,以及为将来运营中的检修工程和设备安装等提供测量控制点,最后须进行竣工测量。在进行竣工测量时首先要检测中线点,从一端入口测至另一端入口。在检测时,建议直线地段每50 m,曲线地段每20 m,以及需要加测断面处(例如综合管廊断面变换处)打临时中线桩或加以标记。遇到已设好的中线点即加以检测。在检测时要核对其里程及偏离中线的程度,核对综合管廊变换断面处的里程以及衬砌变换处的里程。在中线直线地段每200 m埋设一个永久中线点,曲线地段则应在ZH、HY、QZ、YH、HZ点埋设永久中线点。

综合管廊内水准点,在竣工时宜每公里埋设1个。设立的水准点应连成一条水准路线附合在两端入口处水准点上,进行平差后确定各点高程。施工时使用的水准点,当点位稳固且处于不妨碍运营的位置时,应尽量保留即不必另设新点,但其高程须加以检测。设好的水准点,应在边墙上加以标示。必要时在记录上绘出示意图,注明里程及位置,以便使用者找点。

永久中线点、水准点应检测,检测后列出实测成果表,注明里程,作为竣工资料之一。

竣工测量的另一项主要内容是测绘综合管廊的实际净空。建议直线地段每 50 m，曲线地段每 20 mm 或需要加测断面处测绘综合管廊的实际净空。在测量以前，先根据设立的水准点将各 50 m、20 m 或有临时中线桩处的高程测设出来，即可进行净空测量。

综合管廊内控制测量工作完成后应交以下资料：

(1) 综合管廊内控制测量说明。包括布点情况、施测日期、测量方法和仪器型号、实际贯通面的里程、平差方法、特殊情况及处理结果。

(2) 综合管廊内控制测量布点示意图。

(3) 测角、量长和高程的实测精度及计算方法。

(4) 与综合管廊内外测点联测成果。

(5) 导线边边长及各点坐标计算成果。

(6) 实际的贯通误差（横、纵、方位角、高程）。

(7) 贯通误差的调整方法。

在综合管廊测量中，凡使用新技术、新仪器和新方法，或通过竖井进行测量的综合管廊，应编写技术总结，其内容下：

(1) 基本情况。

(2) 施测方法及实测精度。

(3) 实测的贯通误差值及调整方法。

管廊工匠
榜样力量

(4) 施测过程中发生的重大问题及处理的情况。

(5) 使用和引进新技术的经验教训和体会。

在成果整理当中应注意三角点、导线点、水准点、中线点的名称必须记载正确。同一点名在各种资料中必须一致。成果整理必须做到真实、明确、整洁、格式统一并装订成册。测量成果、资料对日后使用、总结经验和提高技术水平都十分宝贵，必须妥善保管。

竣工测量一般要求提供下列图表：综合管廊长度表净空表、管廊回填断面图、水准点表、中桩表、坡度表等。最后应进行整个综合管廊所有测量成果的整理和做出测量的技术总结。

任务小结

综合管廊工程的施工准备首先应做好前期施工调查，并提出完整的施工调查报告；对设计文件应做好核对工作，同时编制实施性施工组织设计以指导施工；做好物资准备、组织准备以及施工现场准备等。

课后任务及评定

1. 填空题

(1) 施工放样应依据_____、_____、_____及_____等测量控制点进行。

(2) 编制实施性施工组织设计必须通过全面的调查研究，在确定_____和_____前提下，有计划地合理组织和安排好工期、施工方法、施工顺序，并提出劳动力、材料、机具设备等的需要量。

(3) 综合管廊工程中，对从事有特殊要求的专业施工作业的人员应符合有关劳动法规的规定,并按照要求_____。

2. 简答题

(1) 城市综合管廊工程施工场地布置应符合哪些要求?

(2) 综合管廊工程的纵向、横向贯通误差如何确定?

(3) 综合管廊工程竣工测量的主要内容有哪些?

任务 4.1

课后习题及答案

任务 4.2　城市综合管廊明挖法施工

工作任务

掌握城市综合管廊明挖法具体工作内容。

具体任务如下:

(1) 掌握城市综合管廊工程明挖法工艺流程;

(2) 掌握城市综合管廊工程基坑开挖与支护施工要点;

(3) 掌握城市综合管廊工程明挖法质量检测方法及要点。

工作途径

《城市综合管廊工程技术规范》(GB 50838—2015);

《城市综合管廊工程施工技术指南》。

任务单 4.2

成果检验

(1) 对照任务单完成课前预习、课中考核及分工协作,完成课后习题自测;

(2) 本任务采用学生线上自测及教师线下评价综合打分。

4.2.1　明挖法技术概述

1. 发展概况

改革开放以来,随着城市化和地下空间开发利用的发展,我国城市综合管廊明挖法施工发展迅速,工程设计和施工水平有了很大的提高,但在发展过程中也有许多问题值得我们思考。一方面,工程事故率较高,不少地区在发展初期大约有三分之一的深沟槽工程发生不同程度的事故,即使在比较成熟阶段一个地区也常有沟槽工程事故发生。另一方面,由于围护设计不合理,造成工程费用偏大也是常有的。

综合管廊明挖沟槽其支护形式随着工程建设规模不断增大,也将会发展为多种形式。目前最常用的有原状土放坡开挖无支护、土钉墙支护技术及钢板桩施工技术。将来随着工程的不断增多,适用于城市建筑密集区的基坑支护技术:锚索支护施工技术、灌注桩施工技术、地下连续墙施工技术、水泥搅拌桩施工技术、SMW 施工技术、双排桩施工技术和微型钢管桩施工技术等也都有可能使用到综合管廊的建设中来。但对于目前来讲,综合管廊大部分还都是规划建设在新建城区,再加上综合管廊沟槽相对较浅,除了风险较大的工程外,造价较高的支护形式还很少应用。

2. 总体要求

综合管廊一般建设在城市的市心地区,同时涉及的线长面广,施工组织和管理的难度大,故应对施工现场、地下管线和构筑物等进行详尽的调查,并了解施工临时用水、用电的供给情况,以保证施工的顺利进行。基坑(槽)开挖前,应根据围护结构的类型、工程水文地质条件、施工工艺和地面荷载等因素制定施工方案,经审批后方可施工。基坑的回填应尽快进行,以免长期暴露导致地下水和地表水侵入基坑,并且两侧应均匀回填。因综合管廊属于狭长形结构,两侧回填土的高度较高,如果两侧回填土不对称均匀回填,会产生较大的侧向压力差,严重时导致综合管廊的侧向滑动。

▶ 4.2.2 开挖与支护施工技术

1. 一般要求

(1) 管道基坑开挖范围内各种管线,施工前应调查清楚,经有关单位同意后方可确定拆迁、改移或采取悬吊措施。

(2) 基坑管线悬吊必须事先设计,其支撑结构强度和稳定性等应进行验算。

(3) 管道漏水(气)时,必须修理好后方可悬吊,如跨基坑的管道较长或接口有断裂危险时,应更换钢管后悬吊或直接架设在钢梁上。

(4) 悬吊或架设管道的钢梁,连接应牢固。吊杆或钢梁与管底应密贴并保持管道原有坡度。

(5) 管线应在其下方的原状土开挖前吊挂牢固,经检查合格后,用人工开挖其下部土方。

(6) 种类不同的管线,宜单独悬吊或架设,如同时悬吊或架设时,应取得有关单位同意,并采取可靠措施。

(7) 跨越基坑的便桥上不得设置管道悬吊。利用便桥墩台作悬吊支撑结构时.悬吊梁应独立设置,并不得与桥梁或桥面系统发生联系。

(8) 支护桩或地下连续墙支护的基坑,可利用支护桩或地下连续墙作钢梁或钢丝绳悬吊的支撑结构,但必须稳固可靠。放坡开挖基坑的钢梁支撑墩柱或钢丝绳悬吊的锚桩,锚固端应置于边坡滑动土体以外并经计算确定。

(9) 基坑较宽而中间增加支撑柱时,梁、柱连接应牢固。跨越基坑的悬吊管线两端应伸出基坑边缘外距离不小于 1.5 m 处,其附近基坑应加强支护,并采取防止地面水流入基坑的措施。

(10) 管道下方及其他工序施工时,不得碰撞管道悬吊系统和利用其做起重架、脚手架或模板支撑等。

(11) 基坑悬吊两端应设防护,行人不得通行。

(12) 基坑两侧正在运行的地下管线应设标志,并不得在其上堆土或放材料、机械等,也不得修建临时设施。

(13) 基坑回填前,悬吊管线下应砌筑支墩加固,并按设计要求恢复管线和回填上。

2. 基坑开挖

基坑开挖前应做好下列工作:制定控制地层变形和基坑支护结构支撑的施工顺序及管理指标;划分分层及分步开挖的流水段,拟定土方调配计划;落实弃、存土场地并勘察好运输路线;测放基坑开挖边坡线,清除基坑范围内障碍物、修整好运输道路、处理好需要悬吊的地下管线。

　　存土点不得选在建筑物、地下管线和架空线附近,基坑两侧 10 m 范围内不得存土。在已回填的综合管廊结构顶部存土时,应核算沉降量后确定堆土高度。基坑应根据地质、环境条件等确定开挖方法,当机械在基坑内开挖并利用通风道或车站出入口做运输车道时,不得损坏地基原状土。基坑开挖宽度,放坡基坑的基底至管道结构边缘距离不得小于 0.5 m。设排水沟、集水井或其他设施时,可根据需要适当加宽;支护桩或地下连续墙临时支护的基坑,管道结构边缘至桩、坑边距离不得小于 1 m。放坡基坑的边坡坡度,应根据地质、基坑挖深经稳定性分析后确定,必要时应采取加固措施。

　　基坑必须自上而下分层,分段依次开挖,严禁掏底施工。放坡开挖基坑应随基坑开挖及时刷坡,边坡应平顺并符合设计规定;支护桩支护的基坑,应随基坑开挖及时护壁;地下连续墙或混凝土灌注桩支护的基坑,应在混凝土或锚杆浆液达到设计强度后方可开挖。

　　支护桩或地下连续墙支护的基坑应在土方挖至其设计位置后及时施工横撑或锚杆。基坑开挖接近基底 200 mm 时,应配合人工清底,不得超挖或扰动基底土。基底应平整压实,其允许偏差为:高程±20 mm;平整度±20 mm,并在 1 m 范围内不得多于 1 处。基底经检验合格后,应及时施工混凝土垫层。基底超挖,扰动、受冻、水浸或发现异物、杂土、淤泥、土质松软及软硬不均等现象时,应做好记录,并会同有关单位研究处理。基坑开挖及结构施工期间应经常对支护桩、地下连续墙及支撑系统、放坡开挖基坑边坡、管线悬吊和运输便桥等进行检查,必要时尚应进行监测。

　　土方及打桩、降水、地下连续墙等施工机械,在架空输电线路和通信线路下作业时,其施工的安全距离应符合技术安全规范的规定。雨期施工应沿基坑做好挡水坎和排水沟,冬期施工应及时用保温材料覆盖。为保证施工安全,基坑开挖安全措施应包括下列内容:

　　(1)基坑开挖前必须先编写实施性专项施工方案,经审批后报监理、业主审核,审批后现场按专项方案严格组织施工,禁止擅自改变施工方案。

　　(2)经审批后的基坑开挖专项方案在实施前必须以会议形式对全体施工人员进行方案交底,使全体施工人员熟悉并掌握本工程基坑开挖的特点、分段长度、分层厚度、开挖流程、开挖限定条件、注意事项等,了解设计对基坑开挖的各项要求,了解基坑开挖过程中要保护的对象,允许变形的报警值以及了解应付各种突发事件的方法。

　　(3)深基坑开挖前应制定详细的危险部位预测施工方案——应急预案,并且根据应急预案备足应急所需的各项材料,指定专人负责施工期间的监护台,必要时应采用有效措施防止意外事故的发生。

　　(4)基坑开挖前,必须先检查基坑降水设备的降水效果,确保在基坑开挖过程中地下水位在基坑开挖设计标高以下 6 m。同时对降水设备必须配备双路供电保证降水设备能够连续运转。

　　(5)基坑开挖前,按设计要求设置各类监测点,在开挖前必须通知监测组获取各监测点的原始读数,在开挖过程中及时监测,及时获得第一手监测数据,分析总结,以相应调整开挖流程和开挖方案,以期将基坑变形控制在设计范围内,对监测数据超过警戒值的,立即停止开挖施工,分析原因,采取相应措施,对超过警戒值严重或有严重症状危及基坑安全的应立即停止施工,甚至应将基坑重新回填。

　　(6)沿开挖基坑顶面设置钢管栏杆,钢管栏杆采用黄、黑相间的上、中、下三道钢管与竖向钢管用十字扣件扣紧,竖向钢管插在基坑顶面圈梁的预留孔内,栏杆高度不低于 1.2 m,栏杆立设完成后应作防冲撞试验,冲撞力按相应规范执行,栏杆外侧悬挂各类安全警示标志牌,上下深基坑采用搭设钢梯并附设钢管扶手,并且在上下钢梯两侧钢管扶手外以及顶面钢管扶手外立设绿色安全防护网。

(7) 基坑开挖前应根据不同土质条件、开挖深度及设计允许的基顶超载量设置合适的安全距离,并且在此安全距离内禁止堆放任何重物,包括土方在内,开挖出来的土方均应堆放至临时弃土场中,以防止外力堆载增加坑壁侧压力发生基坑塌方、侧向位移等事故。

(8) 加强对地面、地下排放设施的管理,地下降水设施应有效、连续运转,地上在基坑顶面四周栏杆下设置挡水墙,避免地面水流入基坑内影响基坑稳定。

(9) 基坑开挖时需派专人指挥,注意对支承、格构柱、深井管及槽壁的保护,尽最大可能避免碰撞。

(10) 基坑开挖过程中加强对地下连续墙结构的渗水渗泥现象的观察,如出现此现象,应及时有效地进行封堵。

(11) 在基坑开挖过程中,加强对槽壁及支撑底、格构柱的杂物的清除,防止杂物突然掉下危及安全。

(12) 在交叉口附近的基坑开挖前,详细查阅设计图纸并现场实地考察地下管线布设情况,与相关管理部门做好协调沟通工作。在对给水排水管、燃气管等管线进行废除或迁改前,先行向相关部门请示汇报,沟通协调好并对相应的管线做好应急关闭措施后,方可施工。且不可未进行沟通,擅自施工,以免影响周边居民正常生活,造成财产损失及发生安全事故。若开挖施工中造成管线破损,要立刻联系相关部门进行维修及补数。如若情况比较严重,有可能发生安全事故时,应立即组织现场,人员通过现场设置的逃逸通道紧急疏散,待情况稳定,隐患排除后方可继续施工。

3. 基坑支护

明挖法具有施工简单、快捷、经济、安全的优点,城市地下隧道式工程发展初期都把它作为首选的开挖技术。其缺点是对周围环境的影响较大,关键工序是:降低地下水位,边坡支护,土方开挖,结构施工及防水工程等。其中边坡支护是确保安全施工的关键技术。综合管廊工程基坑支护方案视现场实际开挖深度和地质情况而定,应选取不同的支护形式。综合管廊基坑支护结构可用 SMW 工法桩支护、钢板桩支护、拉森钢板桩支护等,具体选用形式与条件可参考表 4-1,除此以外还应符合现行国家标准《建筑地基基础工程施工质量验收标准》(GB 50202—2018)的规定。

表 4-1　支护形式及应用条件

支护桩	应　用
土钉墙支护	土钉墙不仅应用于临时支护结构,而且也应用于永久性构筑物,当应用于永久性构筑物时,宜增加喷射混凝土面层的厚度并适当考虑其美观
排桩支护	柱列式排桩支护:当边坡土质较好、地下水位较低时,可利用土拱作用,以稀疏的钻孔灌注桩或挖孔桩作为支护结构; 连续排桩支护:在软土中常不能形成土拱,支护桩应连续密排,并在桩间做树根桩或注浆防水;也可以采用钢板桩、钢筋混凝土板桩密排

支护桩	应　用
钢板桩支护	常用在多水的软土地层,预制成型直接打入。主要可以做刚性的止水帷幕
SMW 工法桩支护	SMW 工法最常用的是三轴型钻掘搅拌机,其中钻杆有用于黏性土及用于砂砾土和基岩之分,此外还研制了其他一些机型,用于城市高架桥下等施工,空间受限制的场合,或海底筑墙,或软弱地基加固
拉森钢板桩	适用于浅水低桩承台并且水深 4 m 以上,河床覆盖层较厚的砂类土、碎石土和半干性。钢板桩闲堰作为封水、挡土结构,在浅水区基础工程施工中应用较多
咬合桩围护墙	钻孔咬合桩适用于含水砂层地质情况下的地下工程深基坑围护结构.由于钻孔咬合桩的钢筋混凝土桩与素混凝土桩切割咬合成排桩围护,对基坑开挖的防水效果很好
型钢水泥土搅拌墙	适用于填土、淤泥质土、黏性土、粉土、砂性土、饱和黄土等地层和市政工程基坑支护中型钢水泥土搅拌墙的设计、施工和质量检查与验收。对淤泥、泥炭土、有机质土以及地下水具有腐蚀性和无工程经验的地区,必须通过现场试验确定其适用性
地下连续墙	适用于: (1) 处于软弱地基的深大基坑,周围又有密集的建筑群或重要地下管线,对周围地面沉降和建筑物沉降要求儒严格限制时 (2) 围护结构亦作为主体结构的一部分,且对抗渗有较严格要求时 (3) 采用逆作法施工,地上和地下同步施工时
水泥土重力式挡墙	当基坑挖深不超过 7 m 时,可考虑采用水泥土重力式挡土墙支护,当周边环境要求较高时,基坑开挖深度宜控制在 5 m 以内
锚杆	适用于岩石高削坡混凝土支护挡墙和风化岩石混凝土、砂浆护坡

1) SMW 工法桩施工

SMW 工法是以多轴型钻掘搅拌机在现场向一定深度进行钻掘,同时在钻头处喷出水泥系强化剂而与地基土反复混合搅拌,在各施工单元之间则采取重叠搭接施工,然后在水泥土混合体未结硬前插入 H 型钢或钢板作为其应力补强材,至水泥结硬,便形成一道具有一定强度和刚度的、连续完整的、无接缝的地下墙体。SMW 工法连续墙于 1976 年在日本问世。

(1) 施工场地平整

施工前,首先进行施工区域内场地的平整,清除表而硬物,素土夯实。路基承重荷载以能行走 50 T 履带吊车及履带式机架为准,为确保安全,在任何路基上桩机负重及行走须在路基板上进行。

(2) 定位放样

测量人员根据业主和施工图提供的水准点和坐标点,严格按照设计图纸进行放样定位及高程引测工作,放出结构轴线,并做好永久和临时标志,然后请现场监理复测。为防止搅拌桩向内倾斜造成内衬厚度不足,影响结构安全使用,可按照 SMW 桩桩位中心外放 5 cm 进行。

(3) 开挖导沟

开挖导向沟余土应及时处理,以保证桩机水平行走,并达到文明施工的要求。

（4）安装定位型钢

（5）钻机定位

根据业主提供的坐标及水准点,由现场技术人员放出桩位,施工过程中桩位误差必须小于 20 mm。移动搅拌机到达作业位置,并调整桩架垂直度达到 3‰以内。桩机移动结束后认真检查定位情况并及时纠正。定位后再进行复核,偏差值应小于 2 cm 搅拌桩桩长控制很重要,施工前应在钻杆上做好标记,控制搅拌桩桩长不得小于设计班长,当桩长变化时擦去旧标记,做好新标记。

（6）搅拌下沉

现场设专人跟踪检测、监督桩机下沉速度,可在桩架上每隔 1 m 设明显标记,用秒表测试钻杆速度以便及时调整钻机速度,以达到搅拌均匀的目的。直至钻头下沉钻进至桃底标高。

（7）注浆、搅拌、提升

在施工现场搭建拌浆施工平台,平台附近搭建水泥库,在开机前应进行浆液的拌制,开钻前对拌浆工作人员做好交底作。开动灰浆泵,待纯水泥浆到达搅拌头后,按设计要求的速度提升搅拌边注浆、边搅拌、边提升,使水泥浆和原地基土充分拌和,直至提升到离地面 50 cm 处或桩顶设计标高后再关闭灰浆泵。搅拌桩桩体应搅拌均匀,表面要密实、平整。桩顶凿除部分的水泥土也应上提注浆,确保桩体的连续性和桩体质量。

（8）H 型钢施工

① H 型钢减摩剂施工：

H 型钢的减摩,是 H 型钢插入和顶拔顺利的关键工序,施工中成立专业班组严格控制,减摩制作主要通过涂刷减摩剂来实现。清除 H 型钢表面的污垢和铁锈。使用电热棒将减摩剂加热至完全熔化,用搅拌棒搅动厚薄均匀,方可涂敷于 H 型钢表面,否则减摩剂涂层不均匀容易产生剥落。如遇雨雪天气,H 型钢表面潮湿,应事先用抹布擦去型钢表面积水,再使用氧气加热或喷灯加热,待型钢干燥后方可涂刷减摩剂。H 型钢表面涂刷完减摩剂后若出现剥落现象应及时重新涂刷。

② H 型钢插入施工：

起吊前在距 H 型钢顶端 15～20 cm 处开一中心孔,孔径 4～10 cm 之间,装好吊具和固定钩,然后用 25t 吊车起吊 H 型钢,必须保持垂直；在沟槽定位型钢上设 H 型钢定位卡固定,然后将 H 型钢底部中心对正桩位中心并沿定位卡利用自重徐徐垂直插入水泥土搅拌桩体内,若未插放到设计标高将用振动锤夹住 H 型钢再振动至设计标高,用线锤或经纬仪控制垂直度,垂直度偏差应小于 3‰,如图 4-1 所示；当 H 型钢插放到设计标高时,用吊筋将 H 型钢固定,溢出的水泥土必须进行处理,控制到一定标高,以便进行

图 4-1 H 型钢插入施工

下道工序施工;待水泥土搅拌桩硬化到一定程度后,将吊筋与槽沟定位型钢撤除。

(9) 圈梁施工

SMW 搅拌桩作为基坑挡土的支护结构,每根必须通过桩顶冠梁共同作用,使每一根桩都能连成一个整体共同受力。冠顶梁施工安排在 SMW 搅拌桩完成后组织施工。可采用组合钢模板,现场绑扎钢筋,商品混凝土运至现场灌注,插入式振动器捣固密实,洒水养生(图4-2)。清除 SMW 搅拌桩桩顶的余土、浮浆并将桩顶水泥土凿毛,并用清水洗干净。按设计要求和构造要求绑扎冠顶梁钢新。分段施工,注意预留足够的主筋长度与下节冠顶梁主筋的搭接。

图 4-2　冠梁钢筋绑扎

侧模可采用组合钢模板。模板在安装前要涂隔离剂,以利脱模。冠顶梁混凝土次浇筑完成,冠顶梁的洒水养护时间不少于 14 天,冠顶梁施工时采用 4 mm 厚的泡沫塑料板将型钢包扎与混凝土隔离。

(10) 回收 H 型钢

结构施工结束后,需将 SMW 桩体内的型钢拔出回收利用。整个拔出过程加强两方面的工作:一是使用专用夹具及油压千斤顶以冠顶梁为基座起拔 H 型钢。同时在拔出过程中用台车吊住型钢,防止失稳;二是配置 6%～8% 的水泥砂浆,使其自流充填 H 型钢拔出后的空隙。

2) 拉森钢板桩施工

拉森钢板桩是一种带锁口或钳口的热轧型钢,其用于基坑支护是依靠锁口或钳口相互连接咬合,形成连续钢板桩墙体来挡土挡水。拉森钢板桩锁口紧密,水密性强。

(1) 一般要求

拉森钢板桩采用履带式液压挖土机带液压振锤的锤机施打,施打前先查明地下管线、构筑物情况,测放出支护桩中心线。拉森钢板桩的设置位置要符合设计要求,以防偏位影响管廊主体结构施工。打桩前,对钢板桩逐根检查,剔除连接锁口锈蚀、变形严重的钢板桩,不合格者待修整后才可使用。基坑护壁钢板桩的平面布置形状应尽量平直整齐,避免不规则的转角,以便标准钢板班的利用和支撑设置。整个基础施工期间,在挖土、吊运.绑扎钢筋,浇筑混凝 t 等施工作业中,严禁碰撞支撑,禁止任意拆除支撑,禁止在支撑上任意切制、电焊,也不应在支撑上搁置重物。在打桩及打桩机开行范围内清除地面及地下障碍、平整场地做好排水沟、修筑临时道路。施打前板桩咬口处宜涂林黄油以保证施打的顺利和提高防水效果。

(2) 钢板桩的检验、矫正、吊装及堆放

① 钢板桩的检验:

钢板桩运到工地后,需进行整理。清除锁口内杂物(如电焊瘤渣,废填充物等)。用于基坑临时支护的钢板桩,主要进行外观检验,包括表面缺陷、长度、宽度、厚度、高度、端头矩形比、平直度和锁口形状等,新钢板桩必须符合合同厂质量标准,重复使用的钢板桩应符合检验标准要求,否则在打设前应予以矫正。

锁口检查的方法:用块长约 2 m 的同类型、同规格的钢板桩作标准,将所有同型号的钢板桩做锁口通过检查。检查采用卷扬机拉动标准钢板桩平车,从桩头至桩尾作锁口通过检查。对于检查出的锁口扭曲及"死弯"进行校正。

为确保每片钢板桩的两侧锁口平行。同时,尽可能使钢板桩的宽度都在同一宽度规格内。需要进行宽度检查,方法是:对于每片钢板桩分为上中下三部分用钢尺测量其宽度,使每片桩的宽度在同一尺内,每片相邻数差值以小于 1 为宜。对于肉眼看到的局部变形可进行加密测量。对于超出偏差的钢板桩应尽量不用。

钢板桩的其他检查:对于桩身残缺、残迹、不整洁、锈皮、卷曲等都要做全面检查,并采取相应措施,以确保正常使用。

锁口润滑及防渗措施,对于检查合格的钢板桩,为保证钢板桩在施工过程中能顺利插拔,并增加钢板桩在使用时的防渗性能。每片钢板桩锁口都须均匀涂以混合油,其体积配合比为黄油:干膨润土:干锯末=5:5:3。

② 钢板桩的矫正

表面缺陷矫正:先清洗缺陷附近表面的锈蚀和油污。然后用焊接修补的方法补平,再用砂轮磨平。

端头矩形比矫正:一般用氧乙炔切割桩端,使其与轴线保持垂直,然后再用砂轮对切割面进行磨平修整。当修整量不大时,也可直接采用砂轮进行修理。

桩体挠曲矫正:腹向弯曲矫正是将钢板桩弯曲段的两端固定在支承点上,用设置在龙门式顶梁架上的千斤顶顶在钢板桩凹凸处进行冷弯矫正;侧向弯曲矫正通常在专门的矫正平台上进行,将钢板桩弯曲段的两端固定在矫正平台的支座上,用设置在钢板桩的弯曲段侧面矫正平台上的千斤顶顶压钢板桩弯凸处,进行冷弯矫正。

桩体扭曲矫正:这种矫正较复杂,可根据钢板桩扭曲情况,采用桩体挠曲矫正中的方法矫正。

桩体截面局部变形矫正:对局部变形处用千斤顶顶压,大锤敲击与氧乙炔焰热烘相结合的方法进行矫正。

锁口变形矫正:用标准钢板作为锁口整形胎具,采用慢速卷扬机牵拉调整处理,或采用氧乙炔热烘和大锤敲击胎具推进的方法进行调直处理。

③ 钢板桩吊运及堆放

装卸钢板桩宜采用两点吊;吊运时,每次起吊的钢板桩根数不宜过多,并应注意保护锁口免受损伤。吊运方式有成捆起吊和单根起吊。成捆起吊通常采用钢索捆扎,面单根吊运常用专用的吊具。

钢板桩堆放的地点,要选择在不会因压重而发生较大沉陷变形的平坦而坚固的场地上,并便于运往打桩施工现场。必要时对场地地基土进行压实处理。堆放时应注意:在堆放的顺序、位置、方向和平面布置等应考虑到以后的施工方便;钢板桩要拨型号、规格、长度分别堆放,并设置标牌说明;钢板桩应分层堆放,每层堆放数量般不超过 5 根,各层间要垫枕木,垫木间距一般为 3~4 m。且上、下层垫木应在同垂直线上,堆放的总高度不宜超过 2 m。

（3）沟槽开挖

开挖的土方不得堆在沟槽附近，以免影响沉桩。

（4）导架的安装

在钢板桩施工中，为保证沉桩轴线位置的正确和桩的竖直，控制桩的打入精度，防止板桩的屈曲变形和是高桩的贯入能力，一般都需要设置一定刚度的、坚固的导架，亦称"施工围檩"。

安装导架时应注意：采用全站仪和水平仪控制和调整导梁的位置；导梁的高度要适宜，要有利于控制钢板桩的施工高度和提高施工工效；导梁不能随着钢板桩的打设而产生下沉和变形；导梁的位置应尽量垂直，且不能与钢板桩碰撞。

（5）钢板桩施打

拉森钢板桩施工关系到施工止水和安全，是管廊工程施工最关键工序之一，在施工中要注意以下施工有关要求：

① 全线采用密扣拉森钢板桩。河道中的拉森钢板桩采用水上液压钳式振动打桩机施打，陆地段的拉森钢板桩采用液压钳式振动打桩机施打。施打前一定要熟悉地下管线、构筑物的情况，认真放出准确的支护桩中线。

② 打桩前，对钢板桩逐根检查，剔除连接锁口锈蚀、变形严重的钢板桩，不合格者待修整后才可使用。

③ 打桩前，在钢板桩的锁口内涂油脂，以方便打入拔出。

④ 在插打过程中随时测量监控每块桩的斜度不超过 2%，当偏斜过大不能用拉齐方法调正时，拔起重打。

⑤ 钢板桩施打采用屏风式打入法施工。屏风式打入法不易使板桩发生屈曲、扭转、倾斜和墙面凹凸，打入精度高，易于实现封闭合批。施工时，将 10～20 根钢板桩成排插入导架内，使它呈屏风状，然后再施打。通常将屏风墙两端的一组钢板桩打至设计标高或一定深度，并严格控制垂直度，用电焊固定在围檩上，然后在中间按顺序分 1/3 或 1/2 板桩高度打入。

屏风式打入法的施工顺序有正向顺序、逆向顺序、往复顺序、中分顺序、中和顺序和复合顺序。施打顺序对板桩垂直度、位移、轴线方向的伸缩、板桩墙的凹凸及打桩效率有直接影响。因此，施打顺序是板桩施工工艺的关键之一。其选择原则是：当屏风墙两端已打设的板桩呈逆向倾斜时，应采用正向顺序施打；反之，用逆向顺序施打；当屏风墙两端板桩保持垂直状况时，可采用往复顺序施打；当板桩墙长度很长时，可用复合顺序施打。总之，施工中应根据具体情况变化施打顺序，采用一种或多种施打顺序，逐步将钢板桩打至设计标高，一次打入的深度一般为 0.5～3.0 m。钢板桩打设的公差标准为：板桩轴线偏差：±10 cm；桩顶标高：±10 cm。

⑥ 密扣且保证开挖后入土不小于 2 m，保证钢板桩顺利合拢：特别是工作井的四个角要使用转角钢板桩，若没有此类钢板桩，则用旧轮胎或烂布塞缝等辅助措施密封。

⑦ 打入桩后，及时进行桩体的闭水性检查，对漏处进行焊接修补，每天派专人检查桩体。

4. 基坑施工

综合管廊基坑土方采用反铲挖掘机开挖,填方路段开挖深度为 2.0~2.5 m,相对路至段下面,开挖深度为 4.7~5.4 m。土方开挖采用后退式进行,分层开挖深度不超过 2.0 m。挖出土方直接运往堆放点。开挖时按施工分段跳跃式进行。

(1) 基坑施工工艺和要求

测量放样定出中心桩、槽边线、堆土堆料界线及临时用地范围;开挖前,提前打设井点降水,在地下水位稳定在槽底以下 0.5 m 才可进行土方开挖。开挖后必须及时支撑,以防止槽壁失稳而导致基坑坍塌;开挖达设计标高后,报监理工程师验收并做土工试验,检查地基承载力合格后应尽快进行地基垫层施工以防渗水浸泡基底;基坑开挖时其断面尺寸必须准确,沟底平直沟内无塌方、无积水、无各种油类及杂物,转角符合设计要求;挖沟时不允许破坏沟底原状土,若沟底原状土不可避免被破坏时,必须用原土夯实平整;开挖的土方如达到回填质量要求并经监理工程师确认后可用于填筑材料,不适用于回填的土料弃于业主、监理工程师指定地点,基底土质与设计不符时,应报监理工程师研究讨论,然后进行软基处理;开挖时应严格按施工方案规定的施工顺序进行土方开挖施工,开挖宜分层、分段依次进行,形成定坡度以利于排水,开挖完成后,应及时做好防护措施,尽量防止基土的扰动;边坡应严格按图纸施工,不允许欠挖和超挖,采用机械开挖时,边坡应用人工修整;夜间开挖时,应有足够的照明设施,并要合理安排开挖顺序,防止错挖或超挖;开挖基槽至管廊设计标高后,报监理工程师验收和做土工试验,进行地基垫层施工,以防渗水浸泡基底,土方工程挖方和场地平整允许偏差值见表 4-2。

表 4-2　场地平整允许偏差值

序号	项　目	允许偏差(mm)	检验方法
1	表面标高	+0.0,-50	用水准仪检查
2	长度、宽度	+200,-50	用经纬仪、拉线和尺量检查
3	边坡偏陡	不允许	观察或用坡度尺检查
4	表面平整度	20	2 m 靠尺和楔形塞尺检查

(2) 基坑土方回填质量保证措施

回填材料选用合适的挖出土或经试验合格的外运材料,回填前,确保基坑内无积水,不得回填淤泥、腐殖土、冻土及有机物质。管廊在回填土前必须经验收合格后方可回填。基坑回填时应对称回填,确保管线及构筑物不产生位移,必要时采取适当的限位措施。基坑回填采用分层对称回填并夯实的施工方法,每层回填高度不大于 0.2 m,对中管顶 0.4 m 范围内用人工夯实处理。

基槽回填的密实度要求按以下执行:

基底持力层:>0.95;

综合管廊两侧:>0.90;

综合管廊顶板以上 25 cm 范围内:>0.87;

综合管廊顶板以上 25 cm 至地基:>0.93。

回填土夯压达不到要求的密实度时,可根据具体情况加适量石灰土、砂、砂砾或其他可达到要求密实度的材料。回填时,为防止管廊中心线位移或损坏管廊,应用人工先将管子周围土夯实,并应从管廊两边同时进行,直至管顶 0.5 m 以上。

回填土方每层压实后,应按规范规定进行环刀取样,测出干土的质量密度,达到要求后,再进行上一层的填土。

(3) 监测与保护

① 监测内容

为确保综合管廊工程的顺利进行和周围现有建筑物的安全.应加强施工监测,实行信息化施工,随时预报,及时处理,防患未然。根据基坑工程的实际情况,一般现场监控量测项目有:

围护结构顶水平位移及竖向位移:围护结构的每个角点,短边中点,沿基坑长度方向间距不大于 20 m 布置 1 个测点,每边监测点不少于 3 个;

围护墙深层水平位移:短边中点,阳角处及有代表性的部位,沿基坑长度方向间隔 40 m 布置 1 个测点,每边不少于 1 个测点。监测剖面应与坑边垂直,数量视具体情况确定;

地面沉降:沿基坑长度方向间隔 40 m 布置 1 个监测剖面,监测剖面应与坑边垂直。每监测剖面基坑两侧各布置 3~5 个测点(根据周边建筑物情况适当加密);

地下水位:沿基坑长度方向每 40 m 布置 1 个水位观测孔。相邻建筑、重要管线或管线密集处应布置水位监测点。当有止水帷幕时,宜布置在止水帷幕外侧约 2 m 处。水位观测管的管底埋置深度应在最低设计水位或最低允许地下水位以下 3~5 m。承压水水位监测管的滤管应埋置在所测的承压含水层中;

支撑的轴力:选择有代表性的支撑,布置 1 组轴力测点;

重要管线监测:对临近基坑及与基坑相交的管线作重点监测,测点平面间距 15~25 m,布设于管线的节点、转折点及变形曲率较大的部位;

建筑物监测:对临近基坑的建筑物作重点监测,竖向位移监测点布置于建筑四角沿外墙每 10~15 m 处或每隔 2~3 根柱基上且每侧不少于 3 个监测点。水平位移监测点应布置在建筑的外墙墙角、外墙中间部位的墙上或柱上、裂缝两侧以及其他有代表性的部位,监测点间距视具体情况而定,一侧墙体的监测点不宜少于 3 点;

临时立柱位移监测:基坑中部,测点不少于立柱根数的 10%。所有监测数据必须有完整的记录,定期监测,并将监测结果报告建设、监理、设计单位。

② 监测要求

为了确保监测数据的可靠性,应由专业第三方监测单位承担监测工作;监测项目的测点布置、观测频率等应符合现行国家标准《建筑基坑工程监期技术标准》(GB 50497—2019)的有关要求,测点可根据现场实际情况适当调整;对基坑周围环境的监测,应在基坑开挖前开始进行,并将测得的原始数据以及周围现状记录在案;观测数据一般应当天填入规定的记录表格,并及时提供建设,设计,监理,施工单位;每天的数据应绘制成相关曲线,根据其发展趋势分析整个基坑稳定情况安全措施;基坑挖土施工开始后,每一周应提供基坑开挖一周监测阶段总结报告,具体内容包括一周时间内所有监测项目的发展情况,内力或变形最大值以及最大位置,如测量值大于控制值时,应及时通知相关单位以便采取应急措施;监测流程可参考图4-3执行。

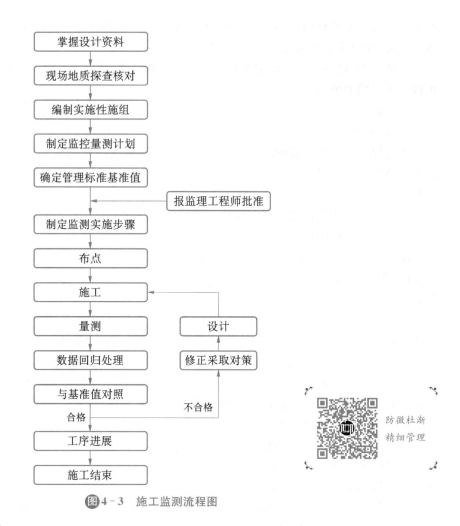

图4-3 施工监测流程图

③ 监测目的

明挖基坑开挖过程中,土体性状和支护结构的受力状况都在不断变化,支护结构受地质、荷载、材料、施工工艺及环境等诸多因素影响也较大,特别是对于水压力的取值问题,理论计算值有时与实际现场的地下水位相差较大,造成理论预测还不能全面而准确地反映工程的各种变化。为确保基坑安全、稳定,在施工过程中必须对地层和支护结构进行动态监测,为施工提供可靠的信息,以达到科学指导施工、合理修改设计或及时采取施工技术措施的目的。

④ 监测警戒值

基坑监测报警值的大小应根据基坑侧壁安全等级、重要性、变形控制等级及周边保护对象的重要性来确定。结合相关工程经验,建议报警值如下(h 为基坑开挖深度、d 为时间天、H 为构筑物高度):

边坡顶部水平位移:累计警戒值:min(50 mm,0.8%h) 日警戒值:3 mm/d

边坡顶部竖向位移:累计警戒值:min(30 mm,0.6%h) 日警戒值:2 mm/d

深层土体位移:累计警戒值:min(50 mm,1.0%) 日警戒值:3 mm/d

周边地面竖向位移:累计警戒值:50 mm 日警戒值:3 mm/d

地下水位变化:累计警戒值:1000 mm 日警戒值:500 mm/d

邻近建(构)筑物沉降:累计警戒值:min(最大沉降 10～60 mm,差异沉降 h/500) 日警戒值:0.1H/1000

当监测项目的变化速率连续 3 天超过报警值的 50%,应报警。基坑监测频率应符合表 4-3 的规定。

表 4-3　基坑监测频率

基坑类别	施工进度		基坑设计开挖深度(m)			
			≤5	5～10	10~15	>15
一级	开挖深度(m)	≤5	1次/1 d	1次/2 d	1次/2 d	1次/2 d
		5～10		1次/1 d	1次/1 d	1次/1 d
		>10			2次/1 d	2次/1 d
	底板浇筑后时间(d)	≤7	1次/1 d	1次/1 d	2次/1 d	2次/1 d
		7～14	1次/3 d	1次/2 d	1次/1 d	1次/1 d
		14～28	1次/5 d	1次/3 d	1次/2 d	1次/1 d
		>28	1次/7 d	1次/5 d	1次/3 d	1次/3 d
二级	开挖深度(m)	≤5	1次/2 d	1次/2 d		
		5～10		1次/1 d		
	底板浇筑后时间(d)	≤7	1次/2 d	1次/2 d		
		7～14	1次/3 d	1次/3 d		
		14～28	1次 7 d	1次/5 d		
		>28	1次/10 d	1次/7 d		

综合管廊工程施工时,周边各类管线繁多,埋深不一,为做好管线保护工作,防止各类管线事故的发生,在开工前还应做下列工作:

动土前由工程部管线负责人组织对现场主管工程师、管线安全员进行交底,主管工程师对劳务队伍、生产工人进行交底。管线探槽开挖前必须由测量人员放出点位,提前设立管线标识牌。动土、钻孔前必须经过管线安全员、测量员、主管工程师签字同意。动土过程中管线安全员要现场监督,检查动土手续是否完善,监督操作是否规范、土体是否稳定、支护是否及时等,发现隐患有权要求停止作业。依据图纸探槽开挖到指定深度后仍无地下管线时,管线安全员要及时查找原因寻探管线,原因未调查清楚、管线未寻探到之前不得进行下道工序。发现地下管线后管线负责人必须及时联系相关产权单位进行确认并设立(更新)标示牌。待产权单位确认完成后,管线负责人及时报监理审批后方可回填。

由管线负责人组织对地下管线确认完成后,进行下一步交底(需要进行现场保护的进行现场保护;需要等待临时迁改的先进行现场保护;产权单位明确废弃的管线现场进行拆除封堵;对于未知的管线进行报纸公示,公示期后未有产权单位的依据管道性质进行现场处理)。处理完成后由项目总工组织管线负责人、主管工程师、管线安全员进行验收。对于公示后仍无回应,管线负责人经得项目部主管生产副经理、监理、业主逐级同意后,组织主管工程师、管线安全员签字同意后废除,废除过程主管工程师和管线安全员必须现场旁站监督。管线废除后由工程部对管线安全员、现场主管工程师、劳务队伍、生产工人进行管线废除交底。

对于临近动土,打桩作业及存在隐患的部位管线,现场测量员、安全员、主管工程师、管线负责人制定出保护方案(防护,小范围迁改,隔离等保护措施),经主管领导和监理同意后实施,实施过程中管线安全员,主管工程师等必须现场旁站监督。临近管线 50 cm 范围内动土,打桩作业不得在夜间进行。

大量降雨,土方开挖,大型机械设备运转等过程涉及管线安全时要加强监测工作,做好防护,保护措施。管线安全管理人员对管线标识牌做好维护管理,认真、如实做好巡查记录。

5. 基底加固

场地土的液化是处于地下水位以下的饱和砂土和粉土的土颗粒结构,受到地震作用时将趋于密实,使空隙水压力急剧上升,而在地震作用的短暂时间内,这种急剧上升的空隙水压力来不及消散,使原有土颗粒通过接触点传递的压力减小,当有效压力完全消失时,土颗粒处于悬浮状态之中。这时,土体完全失去抗剪强度而显示出近于液体的特性,这种现象称为液化。饱和的疏松粉、细砂土体在振动作用下有颗粒移动和变密的趋势,对应力的承受从砂土骨架转向水,由于粉和细砂土的渗透力不良,孔隙水压力会急剧增大,当孔隙水压力大到总应力值时,有效应力就降到 0,颗粒悬浮在水中,砂土体即发生液化。砂土液化后,孔隙水在超孔隙水压力下自下向上运动。如果砂土层上部没有渗透性更差的覆盖层,地下水即大面积溢于地表;如果砂土层上部有渗透性更弱的粘性土层,当超孔隙水压力超过覆盖层强度,地下水就会携带砂粒冲破覆盖层或沿覆盖层裂隙喷出地表,引起砂土液化现象,尤其是产生喷水冒砂现象。地震、爆炸、机械振动等都可以引起砂土液化,尤其是地震引起的范围广、危害性更大。

砂土液化的防治,主要从预防砂土液化的发生和防止或减轻管廊不均匀沉陷两方面入手。包括合理选择场地;采取振冲、夯实、爆炸、挤密桩等地基加固措施,提高砂的密度;排水降低砂土孔隙水压力;换土,板桩围封以及采用整体性较好的筏基,深桩基等方法。

基底抗液化措施应根据地基的液化等级选择,并且不应将未经处理的液化土层作为天然地基持力层。处理可液化地基的方法有:

(1) 换填法;

(2) 强夯法;

(3) 砂桩法。

减轻液化影响的基础和上部结构处理可综合采用各项措施,主要是:(1) 选择合适的基础埋置深度。(2) 调整基础底面积,减少基础偏心。(3) 加强基础的整体性和刚度。(4) 管道穿过建筑处应预留足够尺寸或采用柔性接头等。

6. 质量验收

明挖基坑必须保持地下水位稳定在基底 0.5 m 以下。明挖基坑采用钻孔灌注桩、地下连续墙及横撑或锚索/杆等围护,必须经过计算,符合设计及施工要求。

1) 开挖

基坑开挖应符合下列规定。

(1) 主控项目:

① 土方开挖标高允许偏差应符合表 4-4 的规定。

表 4-4　土方开挖标高允许偏差

检查项目		允许偏差（mm）	检查数量		检验方法
			范围	点数	
1	基坑	−50	每 10 m	4	水准仪测量
2	场地平整　人工	±30	每 10 m	4	水准仪测量
3	场地平整　机械	±50	每 10 m	4	水准仪测量
4	管沟	−50	每 10 m	4	水准仪测量

② 土方开挖平面尺寸允许偏差应符合表 4-5 的规定。

表 4-5　土方开挖平面尺寸允许偏差

检查项目		允许偏差（mm）	检查数量		检验方法
			范围	点数	
1	基坑	+200 −50	每 10 米	4	全站仪测量
2	场地平整　人工	+300 −100	每 10 米	4	全站仪测量
3	场地平整　机械	+500 −150	每 10 米	4	全站仪测量
4	管沟	100	每 10 米	4	全站仪测量

③ 基坑边坡稳定,围护结构安全可靠,无变形、沉降、位移,无线流现象;基底无隆起、沉陷、涌水(砂)等现象;

检查数量:每个开挖段。

检验方法:观察或坡度尺检查;检查监测记录、施工记录。

(2) 一般项目

① 基坑表面平整度允许偏差应符合表 4-6 的规定。

表 4-6　基坑表面平整度允许偏差

检查项目		允许偏差（mm）	检查数量		检验方法
			范围	点数	
1	基坑	20	每 10 m	2	靠尺或水准仪测量
2	场地平整　人工	20	每 10 m	2	靠尺或水准仪测量
3	场地平整　机械	50	每 10 m	2	靠尺或水准仪测量
4	管沟	20	每 10 m	2	靠尺或水准仪测量

② 基底土性应符合设计要求。

检查数量:全数检查。

检验方法:观察或土样分析。

2) 钢或混凝土支撑系统

钢或混凝土支撑系统应符合下列规定:

（1）主控项目：

① 支撑位置允许偏差应符合下列规定：

标高：30 mm；

平面：100 mm。

检查数量：全数检查。

检验方法：分别用水准仪和钢尺测量。

② 预加顶力允许偏差范围应为±50 kN

检查数量：全数检查。

检验方法：查看油泵读数或传感器。

（2）一般项目：

① 围檩标高允许偏差范围应为 30 mm。

检查数量：全数检查。

检验方法：水准仪测量。

② 开挖超深深度应小于 200 mm。

检查数量：全数检查。

检验方法：水准仪测量。

3）钻孔灌注桩

钻孔灌注桩的质量验收应符合以下规定。

（1）主控项目：

① 钻孔灌注桩的原材料、混凝土强度和桩体质量必须符合设计要求。

检验数量：施工单位按原材料进场的批次和产品的抽样检验，方案检验，混凝土试件制作，同配合比每班不少于 1 组，泥浆护壁成孔桩每 5 根不少于 1 组；监理单位按施工单位检验数量的 30%作见证检验或按 10%作平行检验。桩体质量检验数量应符合相关规定。

检验方法：观察检查和检查材料合格证、试验报告；桩体质量检验方法应符合相关规定。

② 灌注桩的桩位必须符合设计要求，其允许偏差为：顺轴线方向±50 mm，垂直轴线方向 0～30 mm。

检验数量：施工单位、监理单位全数检查。

检验方法：经纬仪、尺量。

③ 成孔深度必须符合设计要求，其允许偏差为±300 mm。

检验数量：施工单位、监理单位逐孔检查。

检验方法：用钢尺量。

④ 混凝土灌注桩的钢筋笼的制作必须符合设计要求。其允许偏差为：主筋间距±10 mm，辖筋间距±20 mm，钢筋笼直径±10 m 长度±30 mm。

检验数量：施工单位全数检验，监理单位按施工单位检验数量的 30%作见证检验或按 10%作平行检验。

检验方法：观察、尺量。

（2）一般项目：

① 浇筑水下混凝土前应清底，桩底沉渣允许厚度为：摩擦桩应不大于 150 mm，端承桩应不大于 50 mm。

检验数量:施工单位全部检查。

检验方法:测量并填写记录。

② 混凝土灌注桩的允许偏差及检验方法应符合表 4-7 的规定,且桩身不得侵入管廊的设计轮廓线内。

检验数量:施工单位全部检查。

检验方法:测量并填写记录。

表 4-7　混凝土灌注桩的允许偏差及检验方法

序号	检查项目	允许偏差或允许值		检验方法
		单位	数值	
1	桩身垂直度	‰	5	吊线吊量计算,测斜仪
2	桩径	mm	±5	用钢尺量
3	泥浆比重(黏土或砂性土)	1.15～1.20		用比重计,清孔后在距孔底 50 cm 处取样
4	泥浆面标高(高于地下水位)	m	0.5～1.0	目测
5	沉渣厚度: 端承桩 摩擦桩	mm mm	≤50 ≤150	用沉渣仪或重锤测量
6	混凝土坍落度:水下灌注干施工	mm mm	160～210 100～210	坍落度仪
7	钢筋笼安装深度	mm	±50	用钢尺量
8	混凝土充盈系数	>1		检查每根桩的实际注量
9	桩顶标高	mm	+30 -50	水准仪,需扣除桩顶浮浆层及劣质桩体

4) 地下连续墙的质量验收

(1) 主控项目:

① 地下连续墙工程所用原材料、墙体强度必须符合设计要求。

检验数量:施工单位按每一单元槽段混凝土制作抗压强度试件一组,每组 5 个槽段应制作抗渗压力试件一组。钢筋、水泥等原材料按进场的批次和产品的抽样检验方案确定;监理单位按施工单位检验数量的 30% 作见证检验或按 10% 做平行检验。

检验方法:观察和检查材料合格证、检查试验报告。

② 导墙位置及挖槽的平面位置、长度、深度、宽度和垂直度、槽底沉渣厚度应符合设计要求。

检验数量:施工单位全数检查,监理单位按施工单位检验数量的 30% 作见证检验。

检验方法:尺量、检查挖槽施工记录,用测斜仪检测。

③ 地下连续墙的钢筋骨架和预埋管件的安装应基本无变形,预埋件无松动和遗漏,标高、位置应符合设计要求。

检验数量:施工单位、监理单位按单元槽段全数检查。

检验方法:观察和尺量。

④ 地下连续墙的裸露墙面应表面密实、无渗漏。孔洞、露筋、蜂窝累计面积不超过单元槽段裸露面积的 5%。

检验数量：施工单位、监理单位按单元槽段全数检查。

检验方法：观察和尺量。

⑤ 地下连续墙的垂直度：永久结构允许偏差为 1/300，临时结构允许偏差为 1/150；局部突出不宜大于 100 mm，且墙体不得侵入管廊净空。

检验数量：施工单位全数检查、监理单位按施工单位检验数量的 30% 作见证检验。

检验方法：超声波测槽仪或成槽机上的监测系统。

表 4-8   地下连续墙的允许偏差及检验方法

序号	检查项目		允许偏差或允许值(mm)	检验方法
1	导墙尺寸	宽度	W+40	用钢尺量，W 为导墙设计宽度
		墙面平整度	<5	用钢尺量
		导墙平面位置	±10	用钢尺量
2	沉渣厚度	永久结构	≤100	重锤测或沉积物测定仪测
		临时结构	≤200	
3	槽深		+100	重锤测
4	混凝土坍落度		180～200	坍落度测定仪
5	钢筋笼尺寸	长度	±50	钢尺量，每片钢筋网检查上、中、下三处
		宽度	±20	
		厚度	0～10	
		主筋间距	±10	取任一断面连续量取间距，取平均值作为一点，每片钢筋网上测四点
		分布筋间距	±20	
		预埋件中心位置	±10	抽查
6	地下墙表面平整度	永久结构	<100	用 2 m 靠尺和楔形塞尺量
		临时结构	<150	
		插入式结构	<20	
7	永久结构时预埋件位置	水平向	≤10	用钢尺量
		垂直向	≤20	水准仪

（2）一般项目：

地下连续墙的允许偏差及检验方法应符合表 4-8 的规定。

检验数量：施工单位全数检查、监理单位按施工单位检验数量的 30% 作见证检验或按 10% 作平行检验。

5）基坑回填

基坑回填应符合下列规定：

（1）主控项目：

① 基坑回填标高允许偏差应符合表 4-9 的规定；

② 回填土分层压实的质量验收应符合国家标准《建筑地基基础工程施工质量验收规范》GB 50202 的相关规定。

表 4-9　基坑回填标高允许偏差应符合

检查项目		允许偏差（mm）	检查数量		检验方法
			范围	点数	
基坑		−50	每 10 m	4	水准仪测量
场地平整	人工	±30	每 10 m	4	水准仪测量
	机械	±50	每 10 m	4	水准仪测量
管廊		−50	每 10 m	4	水准仪测量

（2）一般项目：

① 回填材料应符合设计要求，回填土中不应含有淤泥，腐殖土，有机物，砖，石，木块等杂物。

检查数量：全数检查

检验方法：观察，检查施工记录

② 基坑回填土表面平整度允许偏差应符合表 4-10 的规定；

表 4-10　基坑回填土表面平整度允许偏差

检查项目		允许偏差（mm）	检查数量		检验方法
			范围	点数	
基坑		20	每 10 m	2	靠尺或水准仪测量
场地平整	人工	20	每 10 m	2	靠尺或水准仪测量
	机械	30	每 10 m	2	靠尺或水准仪测量
管沟		20	每 10 m	2	靠尺或水准仪测量

▐▶ 4.2.3　案例示范（自主学习）

某新城区综合管廊明挖法施工案例，具体内容扫描二维码：

综合管廊明挖法施工

任务小结

明挖法施工难度小，容易保证质量，工期短，造价低，因此在早期的城市综合管廊工程施工中应用较多。但由于该法占地多、拆迁量大，影响交通，噪声污染严重，且随着浅埋暗挖法施工技术的成熟和盾构法的引进，明挖法在地下工程修建中应用逐渐减少。目前在国内外地下工程修建中，明挖法主要应用于大型浅埋地下建筑物的修建和郊区地下建筑的修建，而且逐渐演化成盖挖和明暗挖结合的施工方法，但总体来讲，明挖法在地下工程建设中仍是主要施工方法。明挖法从地面向下分层、分段依次开挖,直至达到结构要求的尺寸和高程,然后在基坑中进行主体结构施工和防水作业,最后回填恢复地面。实际工程施工方法,根据工程地质条件、开挖工程规模、地面环境条件、交通状况等确定。

课后任务及评定

1. 填空题

(1)基坑开挖时,必须自上而下分层,分段依次开挖,严禁＿＿＿＿＿＿＿。

(2)基坑回填时,回填土方每层压实后,应按规范规定进行＿＿＿＿＿＿＿,测出干土的质量密度,达到要求后,再进行上一层的填土。

2. 名词解释

(1)土的液化:

(2)SMW工法桩:

(3)拉森钢板桩:

3. 简答题

(1)简述明挖法优缺点。

(2)基坑监测报警值的大小应根据什么来确定?

(3)综合管廊基坑支护结构有哪些?

(4)处理可液化地基的方法有哪些?

任务 4.3

课后问题及答案

任务 4.3 城市综合管廊浅埋暗挖法施工

工作任务

掌握城市综合管廊浅埋暗挖法具体工作内容。

具体任务如下:

(1)了解城市综合管廊工程浅埋暗挖法施工机械配套;

(2)掌握城市综合管廊工程浅埋暗挖法施工流程及施工要点;

(3)掌握城市综合管廊工程明挖法质量检测方法及要点。

工作途径

《城市综合管廊工程技术规范》(GB 50838—2015);

《建筑地基基础工程施工质量验收标准》(GB 50202—2018);

《城市综合管廊工程施工技术指南》。

成果检验

任务单 4.3

(1)对照任务单完成课前预习、课中考核及分工协作,完成课后习题自测;

(2)本任务采用学生线上自测及教师线下评价综合打分。

▶ 4.3.1　浅埋暗挖法技术概述

1. 发展概况

当综合管廊下穿越铁路、道路、河流或建筑物等各种障碍物,原则上可采用浅埋暗挖法施工。浅埋暗挖法在施工技术上已经比较成熟,但施工成本较高、工期较长,因此在综合管廊施工中应用的还不是很多。浅埋暗挖法是在距离地表较近的地下进行各种类型地下洞室暗挖施工的一种方法。在城镇软弱围岩地层中,在浅埋条件下修建地下工程,以改造地质条件为前提,以控制地表沉降为重点,以格栅(或其他钢结构)和喷锚作为初期支护手段,按照十八字原则(见总体要求)进行施工。

2. 总体要求

浅埋暗挖法沿用新奥法的基本原理,创建信息化量测、反馈设计和施工的新理念。用先柔后刚复合式衬砌支护结构体系,初期支护按承担全部基本荷载设计,二次模筑衬砌作安全储备;初期支护和二次衬砌共同承担特殊荷载。应用浅埋暗挖法进行设计和施工时,同时采用多种辅助工法,超前支护,改善加固围岩,调动部分围岩的自承能力。采用不同的开挖方法及时支护、封闭成环,使其与围岩共同作用形成联合支护体系。在施工过程中应用检测量测、信息反馈和优化设计,实现不塌方、少沉降、安全生产和施工。浅埋暗挖法结合了动态设计以及施工信息化,建立一整套变位、应力监测系统,强调小导管注浆超前支护在稳定工作面中的作用,用劈裂注浆法加固地层,采用复合式衬砌技术。

浅埋暗挖法是城市地下工程施工的主要方法之一。它适用于不宜明挖施工的含水率较小的各种地层,尤其对城市地面建筑物密集、交通运输繁忙、地下管线密布,且对地面沉陷要求严格的情况下修建埋置较浅的地下结构工程更为适用。对于含水率较大的松散地层,采取堵水或降水等措施后该法仍能适用。但大范围的淤泥质软土,粉细砂地层,降水有困难或经济上不合算的地层,不宜采用浅埋暗挖法施工;采用浅埋暗挖法施工要求开挖面具有一定的自稳性和稳定性,工作面土体的自立时间,应足以进行必要的初期支护作业,否则也不宜采用浅埋暗挖法施工。而且,浅埋暗挖法对覆土厚度没有特殊要求,最浅可至 1 m。

浅埋暗挖法的技术核心是依据新奥法的基本原理,施工中采用多种辅助措施加固围岩,充分调动围岩的自承能力,开挖后及时支护、封闭成环,使其与围岩共同作用形成联合支护体系,是种抑制围岩过大变形的综合配套施工技术。

浅埋暗挖法的关键施工技术可以总结成"十八字方针":

(1) 管超前:采用超前预加固支护的各种手段,提高工作面的稳定性,缓解开挖引起的工作面前方和正上方土柱的压力,缓解围岩松弛和预防坍塌;

(2) 严注浆:在超前预支护后,立即进行压注水泥沙浆或其他化学浆液。填充围岩空隙,使隧道周围形成个具有一定强度的结构体,以增强围岩的自稳能力;

(3) 短开挖:即限制 1 次进尺的长度,减少对围岩的松弛;

(4) 强支护:在浅埋的松弛地层中施工,初期支护必须十分牢固,具有较大的刚度,以控制开挖初期的变形;

(5) 快封闭:为及时控制围岩松弛,必须采用临时仰拱封闭,开挖 1 环,封闭 1 环,提高初期支护的承载能力;

(6) 勤测量:进行经常性的测量,掌握施工动态,及时反馈,是浅埋暗挖法施工成败的关键。

4.3.2 设备与辅助装置

1. 暗挖法主要施工机械

（1）挖装运吊机械

挖装运吊机械主要有悬臂挖掘机、反铲挖掘机、单臂掘进机、钻岩机、电动轮式装载机、爪式扒渣机、耙斗式装渣机、铲斗式装渣机、侧卸式矿车、电瓶车、提升绞车、斗车、两臂钻孔台车、自卸汽车、挖装机、梭式矿车、侧卸式矿车等。

（2）混凝土机械

混凝土机械主要有潮式喷射机、机械手、混凝土搅拌机、电动空压机等。

（3）二次模筑衬砌机械主要有混凝土搅拌机、轨行式混凝土输送车、混凝土输送泵、模板台车等。

（4）其他辅助机械

其他辅助机械有风钻、通风机，注浆钻机、注浆泵、推土机、抽水机、皮带输送机等。

2. 施工机械配套模式

（1）通常采用的正台阶施工模式如图4-4所示。

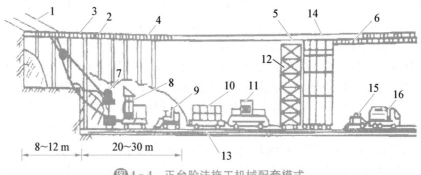

图4-4 正台阶法施工机械配套模式

1—超前小导管（Φ40 mm，长3.5 m）；2—网构拱架；3—喷混凝土、钢筋网；4—初期支护；5—无钉铺设防水板；6—模筑衬砌；7—混凝土机械手；8—潮喷机（5 m³/h）；9—电动装载机；10—斗车（4~6 m³）；11—电瓶车（12t）；12—铺设防水板台车；13—钢轨（24~30kg/m）；14—模筑衬砌台车；15—混凝土输送泵；16—轨行式混凝土输送车

（2）正台阶施工时，扒装机将上台阶工作面的渣土转倒在隧道下部，由下半断面扒装机将渣土送入过桥皮带，再送入斗车。该过桥皮带的作用是为做铺底和仰拱混凝土施工创造工作空间，防止出渣运输车的干扰。如图4-5所示。

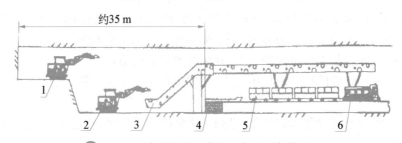

图4-5 正台阶法向下半断面出渣配套模式图

1—上半断面扒装机；2—下半断面扒装机；3—过桥皮带；4—仰拱铺底；5—斗车；6—牵引机车

（3）一般采用人工和机械混合开挖法，即上半断面采用人工开挖、机械出渣，下半断面采用机械开挖、机械出渣。有时为了解决上半断面出渣对下半断面的影响，可采用皮带运输机将上半断面的渣土送到下半断面的运输车中。图 4-6 为正台阶法上下台阶同时将渣土通过皮带桥和过桥皮带送到斗车上的示意图。该方法也不影响铺底仰拱混凝土施工，开挖采用单臂掘进机。

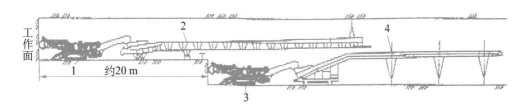

图 4-6　正台阶法上下断面同时出渣配套模式图
1—单臂掘进机；2—上台阶皮带输送机桥；3—单臂掘进机；4—过桥皮带

以上说明正台阶施工可以根据情况配属不同的机械设备，以满足地质和工期的要求，可借鉴实例创造自己的配套模式。

4.3.3　开挖

浅埋暗挖法开挖要符合下列要求：

（1）暗挖管廊的开挖应保持在无水条件下进行；在特殊条件下，应有可靠的治水措施和手段，以保证开挖的安全。

（2）施工方法应根据地质情况、覆盖层厚度、结构断面及地面环境条件等，经过技术、经济比较后确定。

（3）开挖断面应以衬砌设计轮廓线为基准，考虑预留变形量、测量贯通误差和施工误差等因素作适当加大。

（4）开挖预留变形量应根据围岩级别、管廊宽度、管廊埋深、施工方法和支护情况采用工程类比法确定。

（5）开挖过程中，应对管廊围岩和初期支护进行观察和监控量测，拟定监控量测方案，监测围岩变形、地表沉降和地下管线变化情况，反馈量测信息指导设计和施工。

（6）开挖过程中，应加强开挖面的地质素描和地质预报工作。

（7）开挖后应及时进行初期支护。采用分部开挖时，应在初期支护喷射混凝土强度达到设计强度的 70% 及以上时，方可进行下步的开挖。

4.3.4　衬砌

采用浅埋暗挖法施工时，依据工程地质、水文情况、工程规模、覆土埋深及工期等因素，常用施工方法有全断面法、正台阶法、正台阶环形开挖法、单侧壁导坑正台阶法、中隔墙法（CD）法、交叉中隔墙法（CRD）法、双侧壁导坑法（眼镜工法）等，实际施工中还有环形开挖、洞柱（梁）法、中洞法等。表 4-11 为各种开挖方法的对比。

表 4-11　暗挖施工方法的对比

序号	施工方法	示意图	适用条件	沉降	工期	防水	造价
1	全断面法		地层好,跨度≤8 m	一般	最短	好	低
2	正台阶法	① ②	地层较差,跨度≤12 m	一般	短	好	低
3	正台阶环形开挖法		地层差,跨度≤12 m	一般	短	好	低
4	单侧壁导坑正台阶法		地层差,跨度≤14 m	较大	较短	好	低
5	中隔墙法(CD法)	中隔墙	地层差,跨度≤18 m	较大	较短	好	偏高
6	交叉中隔墙法(CRD)	中隔墙 横隔墙	地层差,跨度≤20 m	较小	长	好	高
7	双侧壁导坑法(眼镜工法)		小跨度,连续使用可扩成大跨度	大	长	差	高

（1）全断面法

适用范围:主要适用于Ⅰ～Ⅱ级围岩。当断面在 50 m² 以下,隧道处于Ⅳ级围岩地层时,在采取局部注浆等辅助借助措施加固地层后,也可采用全断面法施工,但在第四纪地层中采用此方法时,断面一般在 20 m² 以下。

优缺点:有较大的作业空间,有利于采用大型配套机被化作业,提高施工速度,且工序少,便于施工组织和管理。由于开挖面较大,围岩稳定性降低,且每个循环工作量较大,每次深孔爆破引起的震动较大,应进行精心的钻爆设计。

（2）正台阶法

正台阶法开挖优点很多,能较早地使支护闭合,有利于控制其结构变形及由此引起的地表沉降。上台阶长度(L)一般控制在 $1\sim1.5$ 倍洞径(D)以内,但必须在地层失去自稳能力之前尽快开挖下台阶,支护形成封闭结构。若地层较差,为了稳定工作面,也可以辅以小导管超前支护等措施。

（3）正台阶环形开挖法

上台阶取一倍洞径左右环形开挖,留核心土,用系统小导管超前支护。预注浆稳定工作面,用网构钢拱架做初期支护;拱脚、墙角设置锁脚锚杆。

（4）单侧壁导坑正台阶法

单侧壁导坑正台阶法适用于地层较差、断面较大、采用台阶法开挖有困难的地层。采用该法可变大跨断面为小跨断面,将 10 m 左右的大跨度变为 $3\sim4$ m 和 $6\sim10$ m 的跨度。

采用该法开挖时,单侧壁导坑超前的距离一般为 2 倍洞径以上,为了稳定工作面,经常和超前小导管注浆等辅助施工措施配合使用,一般采用人工开挖,人工和机械混合出渣。

(5) 中隔墙法

适用于Ⅳ～Ⅴ级围岩的浅理双线隧道。中隔墙开挖时,应沿一侧自上而下分为二或三步进行,每开挖一步均应及时施作锚喷支护,安设钢架,施作中隔壁,中隔壁墙依次分步联结而成,之后再开挖中隔墙的另一侧,其分步次数及支护形。

(6) 交叉中隔墙法(CRD 法)

可适用于Ⅳ～Ⅴ级围岩浅埋的双线多线隧道。采用自上而下分 2～3 步开挖中隔墙的一侧,并及时支护,待完成后,即可开始另侧的开挖及支护,形成左右两侧开挖及支护相互交叉的情形。

交叉中隔墙法适用于地质条件较差,跨度大、沉降控制要求高的隧道,CRD 工法施工工序复杂,隔墙拆除困难,成本较高,进度较慢,一般在第四纪地层中修建大断面地下结构物(如停车场),且地面沉降要求严格时才使用。

(7) 双侧壁导坑法

该法的实质是将大跨度(>20 m)分成 3 个小断面进行作业。主要适用于地层较差,断面较大、单侧壁导坑法无法满足要求的三线或多线大断面隧道工程。

该工法在控制地中和地表下沉方面,优于其他施工方法。且由于两侧导坑先行,能提前排放隧道拱部和中部土体中的部分地下水,为后续施工创造条件。

▶ 4.3.5 质量验收

本节适用于采用台阶法,单(双)侧壁导坑法、中洞法、中隔壁法(CRD 法)等浅埋暗挖法修建的综合管廊工程的施工质量验收。

1. 土方开挖

(1) 主控项目:

① 开挖断面的中线、高程必须符合设计要求。

检验数量:施工单位每一开挖循环检查一次,监理单位按施工单位检查数的 20% 抽查。

检验方法:激光断面仪、全站仪、水准仪测量。

② 严禁欠挖。

检验数量:施工单位、监理单位每开挖一次循环检查一次。

检验方法:施工单位采用激光断面仪、全站仪水准仪量测周边路线断面,绘断面图与设计断面核对;监理单位现场核对开挖断面,必要时采用仪器测量。

③ 边墙基础及管底地质情况应满足设计要求,基底内无积水浮渣。

检验数量:施工单位、监理单位每一开挖循环检查一次。

检验方法:观察检查和地质取样。

④ 当管底需要进行加固处理时,应符合设计要求。

检验数量:施工单位、监理单位每处检查一次。

检验方法:施工单位、监理单位按现行国家标准《建筑地基基础工程施工质量验收规范》GB 50202 的有关规定进行检查验收。

⑤ 管廊贯通误差:平面位置±30 mm,高程±20 mm。

检验数量:施工单位、监理单位每一贯通面检查一次。

检验方法:仪器测量。

(2)一般项目:

① 开挖断面超挖值应符合表 4-12 的规定。

表 4-12 开挖断面超挖值

围岩类型	部位	平均(mm)	最大(mm)	检验数量	检验方法
土质	拱部	60	100	施工单位、监理单位每一开挖循环检查一次	量测开挖断面,绘断面图与设计图核对
	边墙及仰拱	60	100		
软岩	拱部	100	150		
	边墙及仰拱	80	120		

② 小规模塌方处理时,必须采用耐腐蚀性材料回填,并做好回填注浆。

检验数量:施工单位、监理单位全数检查。

检验方法:观察检查。

2. 初期支护

初期支护必须在管廊开挖后及时进行施作。喷射混凝土严禁选用具有潜在碱活性骨料。喷射混凝土的喷射方式应根据工程地质及水文地质、喷射量等条件确定,宜采用湿喷方式。喷射混凝土前,应检查开挖断面尺寸,清除开挖面、拱脚或墙脚处的土块等杂物,设置控制喷层厚度的标志。对基面有滴水、淌水、集中出水点的情况,采用埋管等方法进行引导疏干。

喷射混凝土作业应紧跟开挖作面,并符合下列规定:

(1)喷射混凝土应分片由下面上依次进行,并先喷钢架与壁面间混凝土,然后再喷两榀钢架之间的混凝土;

(2)每次喷射厚度为:边墙 70~100 mm 拱部 50~60 mm;

(3)分层喷射混凝土时,应在前一层混凝土终凝后进行,如两次喷射间隔时间过长,再次喷射前,应先清洗喷层表面;

(4)喷射混凝土回弹量,边墙不宜大于 15%,拱部不宜大于 25%。

锚杆类型应根据地质条件、使用要求及锚固特点进行选择并符合设计要求,砂浆锚杆必须设置垫板,垫板应与基面密贴。钢架应在隧道开挖后或初喷混凝土后及时进行架设,安装前应清除钢架脚底虚渣及杂物。喷射混凝土完成,应及时布设量测点,并获取数据,分析初期支护的变化情况,以便指导施工。

3. 管棚

(1)主控项目:

① 管棚所用的钢管原材料进场检验应符合本指南内容规定:管棚所用的钢管的品种、级别、规格和数量必须符合设计要求。

检验数量:施工单位、监理单位全数检查。

检验方法:观察、尺量检查。

② 管棚的搭接长度应符合设计要求。

检验数量:施工单位全数检查;监理单位每排抽查不得少于 3 根,所抽查的钢管不得连续排列。

检验方法:观察、尺量检查。

(2)一般项目:

① 钻孔的外插角,孔位,孔深,孔径施工允许偏差和检验方法应符合表 4-13 的规定。

表 4-13　管棚施工允许偏差

项目	外插角	孔位	孔深	孔径	检验数量	检验方法
管棚	1°	±50 mm	±30 mm	比钢管直径大 30~40 mm	施工单位全数检查	仪器测量、尺量

注:监理单位按施工单位检查数的 30% 作见证检验或 10% 作平行检验。

② 注浆应采用无污染材料,浆液强度和配合比应符合设计要求,且浆液应充满钢管及周围的空隙。

检验数量:施工单位全数检验,监理单位按施工单位检查数的 30% 作见证检验或 10% 作平行检验。

检验方法:观察检查和检查注浆记录。

4. 超前小导管

(1)主控项目:

① 超前小导管所用的钢管的品种、级别、规格和数量必须符合设计要求。

检验数量:施工单位、监理单位全数检查。

检验方法:观察、钢尺检查。

② 超前小导管的纵向搭接长度应符合设计要求。

检验数量:施工单位、监理单位全数检查。

检验方法:观察检查和尺量检查。

(2)一般项目

① 超前小导管施工允许偏差和检验方法应符合表 4-14 的规定。

表 4-14　超前小导管施工允许偏差和检验方法

项　目	外插角	孔距	孔深	检验数量	检验方法
小导管	1°	±15 mm	$^{+25}_{\ 0}$ mm	施工单位每环抽查 5 根	仪器测量、尺量

注:监理单位按施工单位检查数的 30% 作见证检验或 10% 作平行检验。

② 超前小导管注浆应采用无污染材料,浆液强度和配合比应符合设计要求,且浆液应充满钢管及周围的空队。

检验数量:施工单位全数检查,监理单位按施工单位检查数的 30% 作见证检验或 10% 作平行检验。

检验方法:观察检查和检查施工记录的注浆量和注浆压力。

5. 地层注浆加固

(1)主控项目

① 浆液的配合比应符合设计要求。

检验数量:施工单位、监理单位全数检查。

检验方法:施工单位进行配合设计选定试验;监理单位检查试验报告、见证试验。

② 注浆效果应符合设计要求,且不应对地下管线等造成破坏性影响。

检验数量:施工单位、监理单位全数检查。

检验方法:观察检查和开挖检查。

(2) 一般项目:

① 注浆孔的数量、布置、间距、孔深应符合设计要求。

检验数量:施工单位全数检查,监理单位按施工单位检验数的 30% 作见证检验或按 10% 作平行检验。

检验方法:观察检查和尺量检查。

② 注浆浆液达到一定强度后方可开挖。

检验数量:施工单位、监理单位全部检查。

检验方法:开挖检查、观察。

6. 喷射混凝土

(1) 主控项目:

① 喷射混凝土应优先采用硅酸盐水泥、普通硅酸盐水泥。水泥进场时,必须按批次对其品种、级别、包装或散装仓号、出厂日期等进行验收,并对其强度、凝结时间、安定性进行试验,其质量必须符合现行国家标准《通用硅酸盐水泥》GB 175 等的规定。当使用中对水泥质量有怀疑或水泥出厂日期超过 3 个月(快硬硅酸盐水泥逾期一个月)时,必须再次进行强度试验,并按试验结果使用。

检验数量:同一生产厂家、同一等级、同一品种、同一批号且连续进场的水泥,散装水泥每 500 t 为一批,袋装水泥每 200 t 为一批,当不足上述数量时,也按一批计。施工单位每批抽样不少于一次:监理单位平行检验或见证取样检测,抽检次数为施工单位抽检次数的 30%,但至少一次。

检验方法:施工单位检查产品出厂合格证、出厂检验报告并进行强度、凝结时间、安定性试验:监理单位检查全部产品合格证.出厂检验报告、进场检验报告,并对强度.凝结时间、安定性进行平行检验或见证取样检测。

② 喷射混凝所用的细骨料,应按批进行检验,其颗粒级配、坚固性指标应符合国家现行标准《普通混凝土用砂.石质量及检验方法标准》JGJ 52 规定,细度模数应大于 2.5,含水率控制在 5%~7%。

检验数量:同一产地、同一品种、同一规格且连续进场的细骨料,每 400 m³ 或 600 t 为一批,不足 400 m³ 或 600 t 也按一批计。施工单位每批抽检一次;监理单位见证取样检测,抽检次数,抽检次数为施工单位抽检次数的 30%,但至少一次。

检验方法:施工单位现场取样试验;监理单位检查全部实验报告或见证取样检测。

③ 喷射混凝土所用的相骨料宜用卵石或碎石,粒径应不大于 15 mm,含限量应不大于 1%。按批进行检验。

检验数量:同一产地、同一品种、同一规格且连续进场的粗骨料,每 400 m³ 或 600 t 为一批,不足 400 m³ 或 600 t 也按一批计。施工单位每批抽检一次:监理单位见证取样检测,抽检次数为施工单位抽检次数的 30%,但至少一次。

检验方法:施工单位现场取样试验;监理单位检查全部试验报告,或见证取样检测。

④ 喷射混凝土中掺用外加剂进场时,其质量必须符合现行国家标准《混凝土外加剂》(GB 8076—2008)、《混凝土外加剂应用技术规范》(GB 50119—2013)和其他有关环境保护的规定。使用前应做与水泥相容性试验及水泥净浆凝结效果试验,初凝时间不应超过5 min,终凝时间不应超过 10 min。当使用碱性速凝剂时,不得使用活性二氧化硅石料。

检验数量:同一产地、同一品种、同一批号、同一出厂日期且连续进场的外加剂,每 50 t 为批,不足 50 t 也按一批计。施工单位每批抽检一次监理单位见证取样检测,抽检次数为施工单位抽检次数的 30%,但至少一次。

检验方法:施工单位检查产品合格证、出厂检验报告并进行试验;监理单位检查全部产品合格证、出厂检验报告、进场检验报告并进行见证取样检测。

⑤ 喷射混凝拌和用水宜采用饮用水,当采用其他水源时,水质应符合现行国家标准《混凝土用水标准》JGJ 63 的规定。

检验数量:同水源的,施工单位试验检查不应少于一次,监理单位见证试验。

检验方法:施工单位做水质分析试验,监理单位检查试验报告,见证试验。

⑥ 喷射混凝土的配合比设计应根据原材料性能、混凝土的技术条件和设计要求进行,并应符合下列规定:

a. 灰骨比宜为 1∶4～1∶5;

b. 水灰比宜为 0.40～0.50;

c. 含砂率宜为 45%～60%;

d. 水泥用量不宜小于 400 kg/m³。

检验数量:施工单位对同强度等级、同性能喷射混凝土进行一次混凝土配合比设计;

检验方法:施工单位进行配合比选定实验,监理单位检查配合比选订单。

⑦ 喷射混凝土的强度必须符合设计要求。用于检查喷射混凝土强度的试件,可采用喷大板切割制取。当对强度有怀疑时,可在混凝土喷射地点采用钻芯取样法随机抽取制作试件做抗压试验。

检验数量:施工单位每 20 m 至少在拱部和边墙各留置二组抗压强度试件;监理单位按施工单位检验数的 30% 作见证检验或按 10% 作平行检验。

检验方法:施工单位进行混凝土强度试验;监理单位检查混凝土强度试验报告并进行见证取样检测或平行检验。

⑧ 每个断面检查点数的 80% 以上喷射厚度不小于设计厚度,最小值不小于设计厚度的95%,厚度平均值不小于设计厚度。

检验数量:每 10 m 检查一个断面,从拱顶中线起,每 2 m 凿孔检查一个点,监理单位按施工单位检验数的 30% 作见证检验或按 10% 比例抽查。

检验方法:施工单位、监理单位检查控制喷层的标志或凿孔检查。

⑨ 喷射混凝土 2 h 后应养护,养护时间应不小于 14 d,当气温低于+5 ℃,混凝土低于设计强度的 40% 时不得受冻。

检验数量:施工单位、监理单位全数检查。

检验方法:观察检查。

(2) 一般项目:

① 喷射混凝土方式应符合设计要求,施工时应分段、分片,由下而上依次进行。混合料

应随拌随喷,喷层厚度符合设计要求。

检验数量:施工单位每一个作业循环检查一个断面,监理单位按施工单位检查数的30%作见证检验或10%作平行检验。

检验方法:观察检查。

② 采用湿喷方式的喷射混凝土拌和物的坍落度应符合设计要求。

检验数量:施工单位每工作班不少于一次,监理单位作见证检验。

检验方法:坍落度试验。

③ 喷射混凝土拌制前,应测定砂、石含水率,并根据测试结果和理论配合比调整材料用量,提出施工配合比。

检验数量:施工单位每工作班不少于一次,监理单位作见证检验。

检验方法:砂、石含水率测试。

④ 水泥:±2%;粗、细骨料:±3%;水、外加剂:±2%。各种衡器应定期检定,每次使用前应进行零点校核,保证计量准确。当遇到雨天或含水率有显著变化时应增加含水率检测次数,并及时调整水和骨料的用量。

检验数量:施工单位每工作班不少于一次,监理单位作见证检验。

检验方法:复称检查。

⑤ 喷射混凝土表面应平整(控制在 15 mm 以内,且低凹处矢弦比不应大于 1/6),无裂缝及掉渣现象,锚杆头及钢筋无外露。

检验数量:施工单位全数检查,监理单位按施工单位检查数的 30% 作见证检验或按10% 作平行检验。

检验方法:观察检查

7. 钢筋网

(1) 主控项目:

① 钢筋网所使用的钢筋的品种、规格、性能等应符合设计要求和国家、行业有关技术标准的规定。

检验数量:施工单位、监理单位全数检查

检验方法:观察检查和尺量检查

② 钢筋网的制作应符合设计要求。

检验数量:施工单位全数检查;监理单位按 20% 的比例随机抽样检查。

检验方法:观察检查和尺量检查。

(2) 一般项目:

① 钢筋网的网格间距应符合设计要求,网格尺寸允许偏差为±10 mm。

检验数量:施工单位每进场一次,随机抽样 5 片;监理单位按施工单位检查数的 30% 作见证检验或 10% 作平行检验。

检验方法:尺量检查。

② 钢筋网应与管廊断面形状相适应,并与钢架等联结牢固。

检验数量:施工单位每循环检验一次,监理单位按施工单位检查数的 30% 作见证检验或10% 作平行检验。

检验方法:观察检查。

③ 钢筋网宜在喷射一层混凝土后铺挂。采用双层钢筋网时,第二层钢筋应在第一层钢筋网被混凝土覆盖及混凝土终凝后进行铺设。

检验数量:施工单位每循环检验一次,监理单位按施工单位检查数的30%作见证检验或10%作平行检验。

检验方法:观察检查或检查施工记录。

④ 钢筋网搭接长度应为2个网孔,允许偏差为±25 m。

检验数量:施工单位每循环检验一次,随机抽样5片:监理单位按施工单位检查数的30%作见证检验或10%作平行检验。

检验方法:尺量检查。

⑤ 钢筋应冷拉调直后使用,钢筋表面不得有裂纹、油污、颗粒状或片状锈蚀检验数量:施工单位每批检验一次,监理单位按施工单位检查数的30%作见证检验或10%作平行检验。

检验方法:观察检查。

8. 净空测量

(1)主控项目

① 初期支护净空和管廊净空必须满足设计和规范要求。铺设防水层和施作二次衬砌之前,应进行初期支护净空测量,并应填写初期支护净空测量记录。

检验数量:施工单位全数检验,监理单位按施工单位检验数的30%作见证检验。

检验方法:全站仪或钢尺测量;检查测量记录。

② 二次衬砌施作完成后,应进行净空测量,并应填写净空测量记录。

检验数量:施工单位全数检验,监理单位按施工单位检验数的30%作见证检验。

检验方法:全站仪或钢尺测量;检查测量记录。

③ 管廊建成后,二次衬砌不得侵入建筑限界。

检验数量:施工单位全数检验,监理单位按施工单位检验数的30%作见证检验。

检验方法:全站仪或钢尺测量;检查测量记录。

(2)一般项目:

① 初期支护净空(拱部、边墙线路中心左右侧宽度,仰线路中心左右侧测点自轨面线下的竖向尺寸,拱顶标高)的允许偏差应为±5 mm。

检验数量:施工单位全数检验,监理单位按施工单位检验数的30%作见证检验或按10%作平行检验。

检验方法:拱部、边墙用全站仪或钢尺从中线向两侧测量横向尺寸,自轨顶向上每50 cm一点(包含拱顶最高点);仰拱从中线向两侧每50 cm一点,测量自轨面线下的竖向尺寸。

② 管廊净空(拱顶标高、某一水平面的管廊宽度)的允许偏差应为检验数量:施工单位全数检验,监理单位按施工单位检验数的30%作见证检验或按10%作平行检验。

检验方法:用全站仪、水准仪和钢尺测量。

▶ 4.3.6 案例示范(自主学习)

某新区综合管廊浅埋暗挖法施工案例,具体内容扫描二维码:

综合管廊浅埋暗挖法施工案例

任务小结

浅埋暗挖法大多应用于第四纪软弱地层中的地下工程,由于围岩自身承载能力很差,为避免对地面建筑物和地上构筑物造成破坏,需要严格控制地面沉降量。因此,要求初期支护刚度要大,支护要及时。这种设计思想的施工要点可概括为管超前、严注浆、短进尺、强支护、早封闭、勤量测、速反馈。初期支护必须从上向下施工,二次模筑衬砌必须通过变位量测,在结构基本稳定后才能施工,而且必须从下向上施工,决不允许先拱后墙施工。

课后任务及评定

1. 名词解释

(1)浅埋暗挖法:

(2)管超前:

(3)严注浆:

2. 填空题

(1)喷射混凝土_____后应养护,养护时间应不小于_____,当气温低于_____,混凝土低于设计强度的_____时不得受冻。

(2)钢筋网所使用的钢筋的_____、_____、_____等应符合设计要求和国家、行业有关技术标准的规定。

3. 简答题

(1)简述浅埋暗挖法优缺点。

(2)浅埋暗挖法的关键施工技术可以总结成"十八字方针",简述其具体内容?

(3)简述正台阶法开挖法优缺点。

任务 4.3

课后习题及答案

任务 4.4　城市综合管廊盾构法施工

工作任务

掌握城市综合管廊盾构法施工具体工作内容。

具体任务如下:

(1)了解城市综合管廊工程盾构法施工机械配套;

(2)掌握城市综合管廊工程盾构法施工流程及施工要点;

(3)掌握城市综合管廊工程盾构法施工质量检测方法及要点。

工作途径

《城市综合管廊工程技术规范》(GB 50838—2015);

《混凝土结构工程施工质量验收规范》(GB 50204—2015);

《城市综合管廊工程施工技术指南》;

《混凝土物理力学性能试验方法标准》(GB/T 50081—2019);

《混凝土强度检验评定标准》(GB/T 50107—2010);

《建筑工程冬期施工规程》(JGJ/T 104—2011)。

任务单 4.4

成果检验

(1) 对照任务单完成课前预习、课中考核及分工协作,完成课后习题自测;

(2) 本任务采用学生线上自测及教师线下评价综合打分。

4.4.1　盾构法技术概述

1. 发展概况

根据《盾构法隧道施工及验收规范》(GB 50446—2017)定义:盾构是盾构掘进机的简称,是在钢壳体保护下完成隧道掘进、拼装作业,由主机和后配套组成的机电一体化设备。盾构法是盾构掘进机进行施工的一种全机械化施工方法。它的工作原理是将盾构机械在地中推进,通过盾构外壳和管片支承四周围岩防止发生往隧道内坍塌。同时在开挖面前方用切削装置进行土体开挖,通过不同的方式将其运出洞外。靠千斤顶在后部加压顶进,并拼装预制混凝土管片,从而形成隧道结构。盾构必须承受周围地层的压力,而且要防止地下水的侵入。

一般讲,盾构掘进隧道不应也不能取代其他方法,但在不良的地层条件下做长距离掘进,对进尺有较高的要求和对地面沉陷又有严格的要求时,它相对其他方法在技术上更合理更经济。其主要的优点和缺点如下。

优点:(1) 机械化程度高;(2) 隧洞形状准确;(3) 对地面结构影响可能性最小;(4) 对工作人员较安全,劳动强度低,进度快;(5) 对环境无不良影响,地下水位可保持;(6) 质量高,衬砌经济。

缺点:(1) 盾构的规划、设计、制造和组装时间长;(2) 施工工艺复杂,熟练操作机器需要时间长;(3) 准备困难且费用高,只有长距离掘进时才较经济;(4) 当地层条件变化时,实施有风险;(5) 隧道断面变化的可能性小,断面如需变化时,费用较高。

盾构发明于 19 世纪初期,首先应用于开挖英国伦敦泰晤士河水底隧道。1818 年,法国的布鲁诺尔(M.I. Brunel)从蛀虫钻孔得到启示,最早提出了用盾构法建设隧道的设想,并在英国取得专利。布鲁诺尔构想的盾构机机械内部结构由不同的单元格组成,每一个单元格可容纳一个工人独立工作并对工人起到保护作用(图 4-7)。

1825 年,他第一次在伦敦泰晤士河下开始用一个断面高 6.8 m、宽 11.4 m,并由 12 个邻接的框架组成的矩形盾构修建隧道。第一台用于隧道施工的盾构机,其每一个框架分成 3 个舱,每个舱里有一个工人,共有 36 个工人。泰晤士河下的隧道工程施工期间遇到了许多困难,在经历了五次以上的特大洪水后,直到 1843 年,经过 18 年施工,才完成了全长 458 m 的世界第一条盾构法隧道。1830 年,英国的罗德发明"气压法"辅助解决隧道涌水问题。1865 年,英国的布朗首次采用圆形盾构和铸铁管片,1869 年用圆形盾构在泰晤士河下修建外径 2.2 m 的隧道。1866 年,莫尔顿申请"盾构"专利。盾构最初称为小筒(cell)或圆筒(cylinder),在莫尔顿专利中第一次使用了"盾构"(shield) 这一术语。1874 年,工程师格瑞海德发现在强渗水性的地层中很

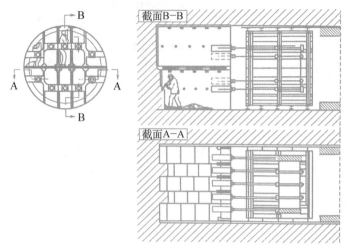

图4-7 布鲁诺尔注册专利的盾构掘进机

难用压缩空气支撑隧道工作面,因此开发了用液体支撑隧道工作面的盾构,通过液体流,以泥浆的形式出土。1876年英国人约翰·荻克英森·布伦敦和姬奥基·布伦敦申请第一个机械化盾构专利。这台盾构有一个由几块板构成的半球形的旋转刀盘,开挖的土料落入径向装在刀盘上的料斗中,料斗将渣料转运至胶带输送机上,再将它转运到后面从盾构中运出,这一构想后来被用于修建地铁隧道工程。1886年,格瑞海德在伦敦地下施工中将压缩空气方法与盾构掘进相组合使用,在压缩空气条件下施工,标志着在承压水地层中掘进隧道的一个重大进步,20世纪初,大多数隧道都是采用格瑞海德盾构法修建的。

1917年,日本引进盾构施工技术,是欧美国家以外第一个引进盾构的国家。1963年,土压平衡盾构首先由日本Sato Kogyo公司(佐藤工业)开发出来。图4-8为当时设计的土压平衡盾构示意图。1974年第一台土压平衡盾构在东京被采用。该盾构由日本制造商THI(石川岛播磨)设计,其外径3.72 m,掘进了1900 m的主管线。在这之后,很多厂商以土压盾

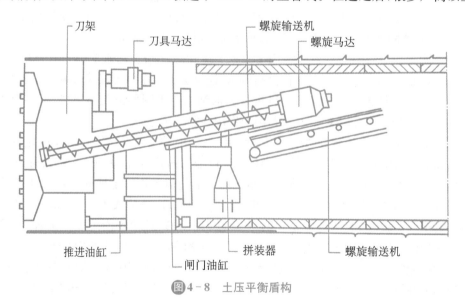

图4-8 土压平衡盾构

构、压力保持盾构、软泥盾构、土壤压力盾构、泥压盾构等名称生产了"土压平衡盾构"。所有这些名称的盾构都有同一种工法,国际上称为"土压平衡系统"(EPBS)。1989 年,日本最引人注目的泥水盾构隧道工程开工。东京湾海底隧道长 10 km,是当时世界最长公路专用海底隧道,用八台直径 14.14 m 泥水加压式盾构施工。1992 年,日本研制成世界上第一台三圆泥水加压式盾构(由 3 个直径 7.8 m 的刀头构成,总长 17.3 m),并成功地用于大阪市地铁 7 号线"商务公园站"车站工程施工。

我国盾构法隧道始于 1962 年 2 月,上海市城建局隧道处开始的塘桥试验隧道工程。采用直径 4.16 m 的一台普通敞胸盾构在两种有代表性的地层下进行掘进试验,用降水或气压来稳定粉砂层及软黏土地层。选用由螺栓连接的单层钢筋混凝土管片作为隧道衬砌,环氧煤焦油作为接缝防水材料。试验获得成功,采集了大量盾构法隧道数据资料。

2. 总体要求

(1) 盾构工作竖井的结构形式根据地质环境条件,可选用地下连续墙、支护桩及沉井等,并应按相应的有关规定施工。

(2) 盾构工作竖井结构必须满足井壁支护及盾构推进的后座强度和刚度要求。其宽度、长度和深度应满足盾构装拆、掉头、垂直运输、测量和基座安装等要求。盾构工作竖井内应设集水坑和抽水设备,井口周围应设防淹墙和安全护栏。

(3) 盾构工作竖井提升运输系统应符合下列规定:

① 提升架和设备必须经过计算,使用中经常检查、维修和保养;

② 提升设备不得超负荷作业,运输速度符合设备技术要求;

③ 工作竖井上下应设置联络信号;

(4) 盾构在工作竖井内组装和进出工作竖井前,应安装基座和导轨,并对综合管廊洞口土体进行加固和完成封门施工;

(5) 盾构基座应有足够强度、刚度和精度,并满足盾构装拆和检修需要。基座导轨高程、轨距及中线位置应正确,并固定牢固。盾构出工作竖井时,其后座管片的后端面应与线路中线垂直并紧贴井壁,开口段支撑牢固。盾构距洞口适当距离拆除封门后,切口应及时切入土层;

(6) 盾构掘进临近工作竖井一定距离时,应控制其出土量并加强线路中线及高程测量。距封门 500 m 在右时停止前进,拆除封门后应连续掘进并拼装;

(7) 盾构掘进中,必须保证正面土体稳定,并根据地质线路平面、高程、坡度、胸板等条件,正确编组千斤顶;

(8) 盾构掘进速度,应与地表控制的隆陷值、进出土量、正面土压平衡调整值及同步注浆等相协调。如停歇时间较长时,必须及时封闭正面土体。盾构掘进中遇有下列情况之一时,应停止掘进,分析原因并采取措施:

① 盾构前方发生坍塌或遇有障碍;

② 盾构自转角度过大;

③ 盾构位置偏离过大;

④ 盾构推力较预计的增大;

⑤ 可能发生危及管片防水、运输及注浆遇有故障等。

(9) 盾构掘进中应严格控制中线平面位置和高程,其允许偏差均为 ±50 mm。发现偏离应逐步纠正,不得猛纠硬调。敞口式盾构切口环前檐刃口切入土层后应在正面土体支撑系统支护下,自上而下分层进行土方开挖。必要时应采取降水、气压或注浆加固等措施。

(10)网格式盾构应随盾构推进同时进行土方开挖,在土体挤入网格转盘内后应及时运出。当采用水力盾构时,应采用水枪冲散土体后,用管道运至地面,经泥水处理后排出。土压平衡式盾构掘进时,工作面压力应通过试推进50～100 m后确定,在推进中应及时调整并保持稳定。掘进中开挖出的土砂应填满土仓,并保持盾构掘进速度和出土量的平衡。

(11)泥水平衡式盾构掘进时,应将刀盘切割下的土体输入泥水室,经搅拌器充分搅拌后,采用流体输送并进行水土分离,分离后的泥水应返回泥水室,并将土体排走。

(12)挤压式盾构胸板开口率应根据地质条件确定,进土孔应对称设置。盾构外壳应设置防偏转稳定装置,掘进时的推力应与出土量相适应。

(13)局部气压式盾构掘进前应将正面土体封堵严密,并根据覆土厚度、地质条件等设定压力值;掘进中,出土量和掘进速度应相适应,并使切口处的出土口浸在泥土中;停止掘进时,应将出土管路关闭。

4.4.2 盾构设备与施工

现代盾构掘进机(如图4-9)集光、机、电、液、传感、信息技术于一体,具有开挖切削土体、输送土碴、拼装隧道衬砌、测量导向纠偏等功能,涉及地质、土木、机械、力学、液压、电气、控制、测量等多门学科技术,而且要按照不同的地质进行"量体裁衣"式的设计制造,可靠性要求极高。盾构掘进机已广泛用于地铁、铁路、公路、市政,水电等隧道工程。

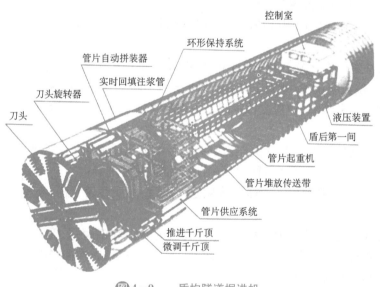

图4-9 盾构隧道掘进机

1. 盾构机的工作原理

(1)盾构机的掘进

液压马达驱动刀盘旋转,同时开启盾构机推进油缸,将盾构机向前推进,随着推进油缸的向前推进,刀盘持续旋转,被切削下来的渣土充满泥土仓,此时开动螺旋输送机将切削下来的渣土排送到皮带输送机上,后由皮带输送机运输至渣土车的土箱中,再通过竖井运至地面。

（2）掘进中控制排土量与排土速度

当泥土仓和螺旋输送机中的渣土积累到一定数量时，开挖面被切下的渣土经刀槽进入泥土仓的阻力增大，当泥土仓的土压与开挖面的土压力和地下水的水压力相平衡时，开挖面就能保持稳定，开挖面对应的地面部分也不致坍塌或隆起这时只要保持从螺旋输送机和泥土仓中输送出去的渣土量与切削下来的流入泥土仓中的渣土量相平衡时，开挖工作就能顺利进行。

（3）管片拼装

盾构机掘进一环的距离后，拼装机操作手操作拼装机拼装单层衬砌管片，使隧道一次成型。

2. 盾构机的组成及各组成部分在施工中的作用

盾构机主要由 8 大部分组成，即盾体、刀盘驱动、双室气闸、管片拼装机、排土机构、后配套装置、电气系统和辅助设备。以直径为 6.28 m 的盾构机为例：总长 65 m，其中盾体长 8.5 m，后配套设备长 56.5 m，总重量约 406 t，总配置功率 1577 kW，最大掘进扭矩 5300 kN·m，最大推进力为 36400 kN，最快掘进速度可达 8 cm/min。

（1）盾体

盾体主要包括前盾、中盾和尾盾三部分，这三部分都是管状筒体。前盾和与之焊在一起的承压隔板用来支撑刀盘驱动，同时使泥土仓与后面的工作空间相隔离，推力油缸的压力可通过承压隔板作用到开挖面上，以起到支撑和稳定开挖面的作用。承压隔板上在不同高度处安装有 5 个土压传感器，可以用来探测泥土仓中不同高度的土压力。前盾的后边是中盾，中盾和前盾通过法兰以螺栓连接，中盾内侧的周边位置装有 30 个推进油缸，推进油缸杆上安有塑料撑靴，撑靴顶推在后面已安装好的管片上，通过控制油缸杆向后伸出可以提供给盾构机向前的掘进力，这 30 个千斤顶按上下左右被分成 A、B、C、D 四组，掘进过程中，在操作室中可单独控制每一组油缸的压力，这样盾构机就可以实现左转、右转、抬头、低头或直行，从而可以使掘进中盾构机的轴线尽量拟合隧道设计轴线。中盾的后边是尾盾，尾盾通过 14 个被动跟随的铰接油缸和中盾相连。这种铰接连接可以使盾构机易于转向。

（2）刀盘

刀盘是一个带有多个进料槽的切削盘体，位于盾构机的最前部，用于切削土体，刀盘的开口率约为 28%，也是盾构机上直径最大的部分，一个带四根支撑条幅的法兰板用来连接刀盘和刀盘驱动部分，刀盘上可根据被切削土质的软硬而选择安装硬岩刀具或软土刀具，刀盘的外侧还装有一把超挖刀，盾构机在转向掘进时，可操作超挖刀油缸使超挖刀沿刀盘的径向方向向外伸出，从而扩大开挖直径，这样易于实现盾构机的转向。超挖刀油缸杆的行程为 50 mm。刀盘上安装的所有类型的刀具都由螺栓连接，都可以从刀盘后面的泥土仓中进行更换。法兰板的后部安装有一个回转接头，其作用是向刀盘的面板上输入泡沫或膨润土及向超挖刀液压油缸输送液压油。

（3）刀盘驱动

刀盘驱动由螺栓牢固地连接在前盾承压隔板上的法兰上，它可以使刀盘在顺时针和逆时针两个方向上实现 0～6.1 rpm 的无级变速。刀盘驱动主要由 8 组传动副和主齿轮箱组成，每组传动剧由一个斜轴式变量轴向柱塞马达和水冷式变速齿轮箱组成，其中一组传动副的变速齿轮箱中带有制动装置,用于制动刀盘。安装在前盾右侧承压隔板上的一台定量螺旋式液压泵驱动主齿轮箱中的齿轮油,用来润滑主齿轮箱,该油路中一个水冷式的齿轮油冷却器用来冷却齿轮油。

（4）双室气闸

双室气闸装在前盾上,包括前室和主室两部分,当掘进过程中刀具磨损工作人员进入泥土仓检察及更换刀具时,要使用双室气闸。在进入泥土仓时,为了避免开挖面的坍塌,要在泥土仓中建立并保持与该地层深度土压力与水压力相适应的气压,这样工作人员要进出泥土仓时,就存在一个适应泥土仓中压力的问题通过调整气闸前室和主室的压力,就可以使工作人员适应常压和开挖仓压力之间的变化。但要注意,只有通过高压空气检查和受到相应培训有资质的人员,才可以通过气闸进出有压力的泥土仓。以工作人员从常压的操作环境下进入有压力的泥土仓为例,工作人员甲先从前室进入主室,关闭前室和主室之间的隔离门,按照规定程序给主室加压,直到主室的压力和泥土王室和泥土仓之间的闸阀,使两者之间压力平衡,这时打开主室和泥土仓之间的隔离门,工作人员进入泥土仓。如果这时工作人员乙也需要进入泥土仓工作,乙就可以先进入前室,然后关闭前室和常压操作环境之间的隔离门,给前室加压至和主室及泥土仓中的压力相同,扣开前室和主室之间的闸阀,使两者之间的压力平衡,打开主室和前室之间的隔离门,工作人员乙进入主室和泥土仓中。

根据盾构机不同的分类,盾构开挖方法可分为:敞开式、机械切削式、网格式和挤压式等。为了减少盾构施工对地层的扰动,可先借助千斤顶驱动盾构使其切口贯入土层,然后在切口内进行土体开挖与运输。

① 敞开式

手掘式及半机械式盾构均为半敞开式开挖,这种方法适于地质条件较好,开挖面在掘进中能维持稳定或在有辅助措施时能维持稳定的情况,其开挖一般是从顶部开始逐层向下挖掘。若土层较差,还可借用千斤顶加撑板对开挖面进行临时支撑。采用敞开式开挖,处理孤立障碍物、纠偏、超挖均较其他方式容易。为尽量减少对地层的扰动,要适当控制超挖量与暴露时间。

② 机械切削式

机械切削式指与盾构直径相仿的全断面旋转切削刀盘开挖方式。根据地质条件的好坏,大刀盘可分为刀架间无封板及有封板两种。刀架间无封板适用于土质较好的条件。大刀盘开挖方式,在弯道施工或纠偏时不如敞开式开挖便于超挖。此外,清除障碍物也不如敞开式开挖。使用大刀盘的盾构,机械构造复杂,消耗动力较大。目前国内外较先进的泥水加压盾构、土压平衡盾构,均采用这种开挖方式。

③ 网格式

采用网格式开挖,开挖面由网格梁与格板分成许多格子。开挖面的支撑作用是由土的黏聚力和网格厚度范围内的阻力而产生的。当盾构推进时,土体就从格子里挤出来。根据土的性质,调节网格的开孔面积。采用网格式开挖时,在所有千斤顶缩回后,会产生较大的盾构后退现象,导致地表沉降,因此,在施工时务必采取有效措施,防止盾构后退。

④ 挤压式

全挤压式和局部挤压式开挖,由于不出土或只部分出土,对地层有较大的扰动,在施工轴线时,应尽量避开地面建筑物。局部挤压施工时,要精心控制出土量,以减少和控制地表变形。全挤压式施工时,盾构把四周一定范围内的土体挤密实。

3. 管片制作

混凝土管片应由具备相应资质等级的厂家进行制造,制造厂家应具有健全的质量管理体系及质量控制和质量检验体系,并且混凝土管片生产线布置应符合工艺要求。钢筋混凝土管片要采用高精度钢模制作,模具必须具有足够的承载能力、刚度、稳定性和良好的密封性能,并满足管片的尺寸和形状要求;在生产前应对管片模具进行验收,符合要求后进行试生产,在试生产的管片中,随机抽取三环进行试拼装检验,结果必须合格,合格后方可正式验收;模具每周转 100 次,必须进行系统检验。

钢筋的品种、级别和规格及钢筋骨架的连接等应符合设计要求;钢筋加工应采用焊接骨架,钢筋骨架应在符合要求的胎具上制作且必须通过试生产,经检验合格后方可批量下料焊接制作。

检验混凝土强度用的试件尺寸及强度的尺寸换算系数应按现行国家标准《混凝土结构工程施工质量验收规范》(GB 50204—2015)执行,试件的成型方法、养护条件及强度试验方法应符合现行国家标准《混凝土物理力学性能试验方法标准》(GB/T 50081—2019)的规定;强度评定应符合现行国家标准《混凝土强度检验评定标准》(GB/T 50107—2010)的规定。混凝土的冬期施工应符合国家现行标准《建筑工程冬期施工规程》(JGJ/T 104—2011)的规定,并且混凝土的抗渗等级应符合设计要求和相关规范的要求。

4. 掘进

(1) 准备工作

为了保证盾构法施工的顺利进行,掘进前需要进行下列准备工作:

完成工程地质、水文地质、地表地貌及建(构)筑物、地下管线及地下构筑物、环境保护要求等的调查;

完成施工组织设计、特殊地段的施工方案等的编制并进行相应的交底和培训,做好施工前的技术准备工作;

完成工作井施工;始发井的长度应大于盾构长度 3 m 以上,宽度应大于盾构直径 3 m 以上;接收井的平面内净尺寸应满足盾构接收、解体或整体位移的需要,始发、接收工作井的井底板宜低于进、出洞洞门底标高 700 m;盾构始发和接收时,工作井洞门外的一定范围内的地层必须加固完成,并对洞圈间隙采取密封措施,确保盾构始发和接收安全;

完成盾构机的各项验收,根据盾构机类型和管廊施工各项工艺及现场实际情况,合理选型配置盾构配套设备(运输设备、砂浆站等)及其他辅助设施(反架等);

建立施工测量和监控量测系统。

(2) 盾构的组装、调试

组装前应完成下列准备工作:

① 根据盾构部件情况、场地条件,制定详细的盾构组装方案。

② 根据部件尺寸和重量选择组装设备。

大件吊装作业必须由具有资质的专业队伍负责。盾构组装应按相关作业安全操作规程和组装方案进行。现场应配备消防设备,明火、电焊作业时,必须有专人负责。

组装后,必须进行各系统的空载调试,然后进行整机空载调试。盾构是集机电、液、控为一体的复杂大型设备,包含了多个不同功能系统,若在掘进中发生问题,处理十分困难且易导致地层坍塌。因此,在现场组装后,必须首先对各个系统进行空载调试,使其满足设计功能要求。然后必须进行整机联动调试,使盾构整机处于正常状态,以确保盾构始发掘进的顺利进行。

(3)盾构始发

始发掘进前,应对洞门经改良后的土体进行质量检查,合格后方可始发掘进;应制定洞门围护结构破除方案,采取适当的密封措施,保证始发安全。

土体加固质量检查主要内容包括土体加固范围、加固体的止水效果和强度,土体强度提高值和止水效果应达到设计要求,防止地层发生坍塌或涌水。

始发掘进时应对盾构姿态进行复核,负环管片定位时,管片环面应与隧道轴线垂直。对盾构姿态作检查,采取措施使其稳定和负环管片定位正确的规定,都是为了确保盾构始发进入地层沿设计的轴线水平掘进。当盾构进入软土时,应考虑到盾构可能下沉,水平标高可按预计下沉量抬高。

始发掘进过程中应保护盾构的各种管线,及时跟进后配套台车,并对管片拼装、壁后注浆、出土及材料运输等作业工序进行妥善管理。

由于受工作井井下场地尺寸的限制,始发施工时盾构后配套通常还在地面需要接长管线来使盾构掘进,尚不能形成正常的施工掘进、管片拼装、壁后注浆出土运输等。因此,应随盾构掘进适时延长并保护好管线,适时跟进后配套台车,并尽快形成正常掘进全工序施工作业流程。

始发掘进过程中应严格控制盾构的姿态和推力,并加强监测,根据监测结果调整掘进参数。盾构始发进入起始段施工,一般为 50~100 m,起始段是掌握、摸索了解、验证盾构适应性能及施工规律的过程。在此段施工中应根据控制地表变形和环保要求,沿隧道轴线和与轴线垂直的横断面,布设地表变形量测点,施工时跟踪量测地表的沉降、隆起变形;并分析调整盾构掘进推力、掘进速度、盾构正面土压力及壁后注浆量和压力等掘进参数,从而为盾构后续掘进阶段取得优化的施工参数和施工操作经验。

(4)土压平衡盾构掘进

土压平衡盾构属封闭式盾构,推进时,其前端刀盘旋转掘削地层土体,切削下来的土体进入土舱。当土体充满土舱时,其被动土压与掘削面上的土压、水压基本平衡,使得掘削面与盾构面处于平衡状态(即稳定状态)。这类盾构靠螺旋输送机将渣土(即掘削弃土)排送至土箱,运至地表。由装在螺旋输送机排土口处的滑动闸门或旋转漏斗控制出土量,确保掘削面稳定。土压平衡盾构掘进时,应根据工程地质和水文地质条件、埋深、线路平面与坡度、地表环境、施监测结果、盾构姿态以及盾构初始掘进阶段的经验设定盾构滚转角、俯仰角、偏角、刀盘转述、推力、扭矩、螺旋输送机转速、土仓压力、排土量等掘进参数。可从盾构掘进两环以上的状态测量资料分析出盾构掘进趋势,并通过地表变形量测数据判定预设的土仓压力的准确程度,从而调整施工参数,制定出当班的盾构掘进指令。盾构掘进指令一般包括以下内容:每环掘进时的盾构姿态纠偏值、注浆压力与每环的注浆量、管片类型、最大掘进速度和推进油缸行程差、最大扭矩、螺旋输送机的最大转速等。

掘进中应监测和记录盾构运转情况、掘进参数变化、排出渣土状况,并及时分析反馈,调整掘进参数,控制盾构姿态。必须使开挖土充满土仓,并使排土量与开挖土量相平衡。适当保持土仓压力的目的是控制地表变形和确保开挖面的稳定。如果土仓压力不足,可能发生开挖面漏水或坍塌;如果压力过大,会引起刀盘扭矩或推力的增大而导致掘进速度下降或喷涌。土仓压力是利用开挖下来的渣土充满土仓来建立的,通过使开挖的渣土量与排出的渣土量相平衡的方法来保持。因此,应根据盾构推进中所产生的地表变形,刀盘扭矩、推力和推进速度等的变化及时调整土仓压力。应根据土仓压力的变化及时观测并适当控制螺旋输送机。

必须严格按注浆工艺进行壁后注浆,并根据注浆效果调整注浆参数。应根据转速程地质和水文地质条件,注入适当的添加剂,保持土质流塑状态。根据盾构穿过的地层条件,可有选择地向土仓内适当注入泥浆或水、泡沫剂、聚合物等,以改良仓内土质,使其保持一定程度的塑性流动状态。建立土仓内平衡土压力,保持开挖面的稳定,同时易于排土。

(5)泥水平衡盾构掘进

泥水平衡盾构是在机械式盾构的刀盘的后侧,设置一道封闭隔板,隔板与刀盘间的空间定名为泥水仓。把水、粘土及其添加剂混合制成的泥水,经输送管道压入泥水仓,待泥水充满整个泥水仓,并具有一定压力,形成泥水压力室。通过泥水的加压作用和压力保持机构,能够维持开挖工作面的稳定。盾构推进时,旋转刀盘切削下来的土砂经搅拌装置搅拌后形成高浓度泥水,用流体输送方式送到地面泥水分离系统,将渣土、水分离后重新送回泥水仓,这就是泥水加压平衡式盾构法的主要特征。因为是泥水压力使掘削面稳定平衡的,故得名泥水加压平衡盾构,简称泥水盾构。

泥水平衡盾构施工时,应根据工程地质与水文地质条件、管廊埋深、线路平面与坡度、地表环境施工监测结果、盾构姿态以及盾构始发掘进阶段的经验设定盾构滚转角、俯仰角偏角、刀盘转速、推力、扭矩、送排泥水压力和流量、排土量等掘进参数。

应合理确定泥浆参数,对泥浆性能进行检测,并进行动态管理。泥浆管理主要包括泥浆制作、泥浆性能检测,送排泥浆压力、排渣量的计算与控制,泥浆分离等。泥浆性能包括物理稳定性、化学稳定性、相对密度、黏度、含砂率、pH 值等为了控制泥浆特性,特别是在选定配合比和新浆调制期间,应对上列泥浆性能进行测试。在盾构掘进中,泥浆检测的主要项目是相对密度、黏度和含砂率。

根据地层条件的变化以及泥水分离效果,需要对循环泥浆质量进行调整,使其保持在最佳状态。调整方法主要采用向泥水中添加分散剂、增黏剂、黏土颗粒等添加剂进行调整,必要时须舍弃劣质泥浆,制作新浆。应设定和保持泥浆压力与开挖面的水土压力以及排出渣土量与开挖渣土量相平衡,并根据掘进状况进行调整和控制。

泥水平衡盾构掘进施工的特征是循环泥浆,用泥浆维持开挖面的稳定,又使开挖渣土成为泥浆用管道输送出地面。要根据开挖面地层条件、地下水状态、隧道埋深条件等对排土量、泥浆质量、送排泥流量、排泥流速进行设定和管理。

泥浆压力的设定与管理:应根据开挖面地层条件与土水压力合理设定泥浆压力。如果泥浆压力不足,可能引发开挖面的坍塌;泥浆压力过大,又可能出现泥浆喷涌。保持泥浆压力在设定的范围内,一般压力波动允许范围为±0.02 MPa。排土量的设定与管理:为了保持开挖面稳定和顺利地进行掘进开挖,排土量的设定原则是使排土与开挖的土量相平衡。

排土量可用在盾构上配备的流量计和比重计进行检测,通过采集数据进行计算,泥水平衡主要是流量平衡和质量平衡。当掘进过程遇有大粒径石块时,应采用破碎机破碎,并宜采用隔栅沉淀箱等砾石分离装置分离大粒径砾石,防止堵塞管道。应在泥水管路完全卸压后进行泥水管路延伸、更换。泥水分离设备应满足渣土砂粒径要求,处理能力应满足最大排送渣土量的要求,渣土的存放与搬运应符合环境保护的有关要求。

(6) 复合盾构掘进

复合盾构是一种不同于一般盾构的新型盾构,其主要特点是具有一机三模式和复合刀盘,即:一台盾构可以分别采用土压平衡、敞开式或半敞开式(局部气压)三种掘进模式掘进;刀盘既可以单独安装掘进硬岩的滚刀或掘进软土的齿刀,也可以两种掘进刀具混装,因此,复合盾构既适用于较高强度(抗压强度不超过 80 MPa)的岩石地层和软流塑地层施工,也适用于软硬不均匀地层的施工,并能根据地层条件及周边环境条件需要采用适当的掘进模式掘进,确保开挖面地层稳定,控制地表沉降,保护建(构)筑物。复合盾构掘进施工时,应根据地层软硬情况、地下水状况、地表沉降控制要求等选择合适的掘进模式。在盾构穿过地层为软硬不均匀且复杂变化的复合地层时,应根据地层软硬情况、地下水状况、地表沉降控制要求等选择合适的掘进模式。当地层软弱、地下水丰富,且地表沉降要求高时,应采用土压平衡模式掘进;当地层较硬且稳定可采用敞开模式掘进;当地层软硬不均匀时,则可采用半敞开模式或土压平衡模式掘进。

当复合盾构采用土压平衡模式掘进时,其掘进技术要求、操作方法及掘进管理等与土压平衡盾构相同。掘进模式的转换宜采用局部气压模式(半敞开模式)作为过渡模式,并在地质条件较好地层中完成。复合盾构的土压平衡、敞开式和半敞开式三种掘进模式在掘进中可以相互转换,在掘进模式转换过程中,特别是土压平衡和敞开模式相互转换时,采用半敞开模式来逐步过渡并在地层条件较好、稳定性较高的地层中完成掘进模式转换有利于防止在掘进模式转换中发生涌水、地层过大沉降或坍塌,确保施工安全。

掘进前,应根据地层软硬不均匀分布情况,确定刀具组合和更换刀具计划并应在掘进中加强刀具磨损的检测。不同的刀具其破岩(土)机理不同,相同的刀具对不同地层掘进效果差异大,因此,在掘进前,应针对盾构掘进通过的地层在隧道纵向和横断面的分布情况来确定具体的掘进刀具的组合布置方式和更换刀具的计划。如:对于全断面为岩石地层应采用盘形滚刀破岩;全断面为软土(岩)应采用齿刀掘进;断面内为岩土且软硬混合地层则应采用滚刀和齿刀混合布置。

地层的软硬不均匀会对刀具产生非正常的磨损(如弦磨、偏磨等)甚至损坏在软硬不均复杂地层的盾构掘进中,应通过对盾构掘进速率、参数和排出渣土等的变化状况的观察分析或采取进仓观测等方法加强对刀具磨损的检测,据此及时调整或恰当实施换刀计划,以较少的刀具消耗实现较高的掘进效率。根据地层状况采取相应措施对地层和渣土进行改良,降低对刀盘刀具和螺旋输送机的磨损。因岩石地层以及岩、土混合地层含泥量小,开挖下来的渣土流塑性差,形成对开挖面支撑和止水作用的平衡压力效果差,并且地层和渣土对刀刀具和螺旋出土机构的磨损大,因此盾构掘进中应采取渣土改良措施,向刀盘前、土仓内和螺旋输送机内注入添加剂,如:泡沫剂、膨润土浆、聚合物等,以改善渣土的流塑性,稳定工作面和防止喷涌,并降低对刀盘、刀具和螺旋出土机构的磨损。

(7) 盾构姿态控制

盾构掘进过程中应随时监测和控制盾构姿态,使隧道轴线控制在设计允许偏差范围内。在竖轴线与平曲线段施工时,应考虑已成环衬砌环竖向、横向位移对隧道轴线控制的影响。

应对盾构姿态及管片状态进行测量和人工复核,并详细记录。当发现偏差时,应及时采取措施纠偏。

实施盾构纠偏必须逐环、小量纠偏,必须防止过量纠偏而损坏已拼装管片和盾尾密封。根据盾构的横向和竖向偏差及转动偏差,可采取千斤顶分组控制或使用仿行刀适量超挖或反转刀盘等措施调整盾构姿态。

盾构掘进施工中,应经常测量和复核隧道轴线、管片状态及盾构姿态,发现偏差应及时纠正。应采用调整盾构姿态的方法来纠偏,纠正横向偏差和竖向偏差时,采取分区控制盾构推进千斤顶的方法进行纠偏;纠正滚动偏差时采用改变刀盘旋转方向、施加反向旋转力矩的方法进行纠偏;曲线段纠偏时可采取使用盾构超挖刀适当超挖增大建筑间隙的办法来纠偏。当偏差过大时,应在较长距离内分次限量逐步纠偏。纠偏时应防止损坏已拼装的管片和防止盾尾漏浆。

盾构掘进遇到下列情况之一时,须及时处理:

① 盾构前方发生坍塌或遇有障碍;

② 盾构自转角度过大,超过试掘进参数的 30%;

③ 盾构轴线偏离过大,超过试掘进参数的 30%;

④ 盾构推力与预计值相差较大时,超过试掘进参数的 30%;

⑤ 管片发生开裂或注浆发生故障无法注浆时;

⑥ 盾构掘进扭矩发生较大波动时;

⑦ 遇到不良地质条件。

对于盾构进入以下特殊地段和特殊地质条件施工时,必须有针对性地采取施工措施确保安全通过:

① 覆土厚度小于盾构直径 D 的浅覆土层;

② 小半径曲线地段;

③ 大坡度地段;

④ 穿过地下管线或重要交通干线地段;

⑤ 遇到地下障碍物的地段;

⑥ 穿越建(构)筑物的地段;

⑦ 平行盾构管廊净间距小于 0.7D 的小净距地段;

⑧ 穿越江河地段;

⑨ 地质条件复杂地段。

特殊地段和特殊地质施工应共同遵循以下规定:盾构施工进入特殊地段和特殊地质条件前,必须详细查明和分析工程的地质状况与管廊周边环境状况,对特殊地段及特殊地质条件下的盾构施工制定相应可靠的施工技术措施。根据管廊所处位置与地层条件,合理设定和慎重管理开挖面压力,把地层变形值控制在预先确定的容许范围以内。必须根据不同管廊所处位置与不同工程地质与水文地质条件,预计壁后注浆的材料和压力与流量,在施工过程中根据量测结果,进行注浆材料和压力与流量调整,防止浆液溢出,以达到严格控制地层隆陷的目的。

施工中应对地表及建(构)筑物等沉降进行预测计算,并加密监测点和频率,根据监测结果不断调整盾构掘进参数;当测量值超过允许值时,应采取应急对策。

(8) 刀具更换

应预先确定刀具更换的地点与方法,并做好相关准备工作。刀具更换宜选择在工作井或地质条件较好、地层较稳定的地段进行。在不稳定地层更换刀具时必须采取地层加固或压气法等措施，确保开挖面稳定。地层条件发生变化时，尤其通过砂卵石地层时，为保证盾构施工安全，需要更换刀具。更换刀具作业顺序一般为先除去土仓中的泥水、渣土，清除刀头上粘附的砂土，设置脚手架，确认需更换的刀头，运人工具、刀具、器材，进行拆卸、更换刀具。

由于更换刀具作业复杂而且时间比较长，容易造成盾构整体下沉、地层变形地表沉降、损坏地表和地下建(构)筑物等。因此，应采取地层加固措施，保持开挖面稳定。带压进仓更换刀具前，必须完成下列准备工作：

① 对带压进仓作业设备进行全面检查和试运行；

② 采用两种不同动力装置，保证不间断供气；

③ 气压作业区严禁采用明火。当确需使用电焊气割时，应对所用设备加强安全检查，还必须加强通风并增加消防设备。

带压更换刀具必须符合下列规定

① 通过计算和试验确定合理气压，稳定工作面和防止地下水渗漏；

② 刀盘前方地层和土仓满足气密性要求；

③ 由专业技术人员对开挖面稳定状态和刀盘、刀具磨损状况进行检查，确定刀具更换专项方案与安全操作规定；

④ 作业人员应按照刀具更换专项方案和安全操作规定更换刀具；

⑤ 保持开挖面和土仓空气新鲜；

⑥ 作业人员进仓工作时间符合表 4-11 的规定：

表 4-11 作业人员进仓工作时间

仓内压力(MPa)	工作时间		
	仓内工作时间(h)	加压时间(min)	减压时间(min)
0.01～0.13	5	6	14
0.13～0.17	4.5	7	24
0.17～0.255	3	9	51

注：24 h 内只允许工作 1 次。

⑦ 应作好刀具更换记录。更换记录应包括：刀具编号、原刀具类型、刀具磨损量、刀具运行时间、更换原因、更换刀具类型、位置、数量、更换时间和更换作业人员等。

(9) 盾构接收

接收前应制定接收施工方案，主要内容应包括接收掘进、管片拼装、壁后注浆洞门外土体加固、洞门围护破除、洞门钢圈密封等。盾构到达接收工作井 100 m 前，必须对盾构轴线进行测量并作调整，保证盾构准确进入接收洞门。为了达到隧道贯通误差的要求和使盾构准确进入工作井已设置的洞门位置，因此规定在盾构达前 100 m，对盾构轴线进行复测与调整。

盾构到达接收工作井 10 m 内，应控制盾构掘进速度、开挖面压力等。为防止由于盾构推力过大以及盾构切口正面土体挤压而损坏工作井洞门结构，当切口离洞口 10 cm 起应保证出土量，切口离洞门结构 30～50 cm 时盾构应停止掘进，并使切口正面土压力降到最低值，以确保洞门破除施工安全。应按预定的破除方法破除洞门。

盾构主机进入接收工作井后,应及时密封管片环与洞门间隙。盾构到达接收工作井前,应采取适当措施,使拼装管片环缝挤压密实,确保密封防水效果。

5. 管片拼装

钢筋混凝土管片应验收合格后方可运至工地。拼装前应编号并进行防水处理备齐连接件并将盾尾杂物清理干净,举重臂(钳)等设备经检查符合要求后方可进行管片拼装。钢筋混凝土管片拼装中,应保持盾构稳定状态,并防止盾构后退和已砌管片受损,举重钳钳牢管片操作过程中,施工人员应退出管片拼装环范围。

钢筋混凝土管片拼装时应先就位底部管片,然后自下而上左右交叉安装,每环相邻管片应均匀摆布并控制环面平整度和封口尺寸,最后插入封顶管片成环。钢筋混凝土管片拼装成环时,其连接螺栓应先逐片初步拧紧,脱出盾尾后再次拧紧。当后续盾构掘进至每环管片拼装之前,应对相邻已成环的 3 环范围内管片螺栓进行全面检查并复紧。

衬砌管片脱出盾尾后,应配合地面量测及时进行壁后注浆。注浆前应对注浆孔、注浆管路和设备进行检查并将盾尾封堵严密。注浆过程中严格控制注浆压力完工后及时将管路、设备清洗干净。注浆的浆液应根据地质、地面超载及变形速度等条件选用,其配合比应经试验确定。注浆时壁后空隙应全部充填密实,注浆量应控制在 130%～180%。壁孔注浆宜从综合管廊两腰开始,注完顶部再注底部,当有条件时也可多点同时进行。注浆后应将壁孔封闭,同步注浆时各注浆管应同时进行。

钢筋混凝土管片粘贴防水密封条前应将槽内清理干净,粘贴应牢固、平整、严密、位置正确,不得有起鼓、超长和缺口等现象。钢筋混凝土管片拼装前应逐块对粘贴的防水密封条进行检查,拼装时不得损坏防水密封条。当管廊基本稳定后应及时进行嵌缝防水处理。钢筋混凝土管片拼装接缝连接螺栓孔之间应按设计加设防水垫圈。必要时,螺栓孔与螺杆间应采取封堵措施。

管片拼装完毕后管片应无贯通裂缝,无大于 0.2 mm 宽的裂缝及混凝土剥落现象。当管片出现混凝土剥落、缺棱掉角等缺陷时,必须制定方案后进行修补,修补材料强度不应低于管片强度。

6. 壁后注浆

为控制地层变形,盾构掘进过程中必须对成环管片与土体之间的建筑空隙进行充填注浆;充填注浆一般分为同步注浆、即时注浆和二次补强注浆;注浆可一次或多次完成。注浆压力应根据地质条件、注浆方式、管片强度、设备性能、浆液特性和管廊埋深综合因素确定。

同步注浆或即时注浆的注浆量,根据地层条件、施工状态和环境要求,其充填系数一般取 1.30～2.50。注浆控制有压力控制和注浆量控制,不宜单纯采用一种控制方式。

当管片拼装成型后,根据管廊稳定、周边环境保护要求可进行二次补强注浆,二次补强注浆的注浆量和注浆速度应根据环境条件和沉降监测等确定。

7. 防水

盾构法施工的管廊一般采用预制拼装式钢筋混凝土管片,其防水包括管片自身防水、管片接缝防水、螺栓孔防水、注浆孔防水等;盾构管廊防水以管片自防水为基础,以接缝防水为重点,辅以对特殊部位的防水处理,以保证管廊内面平均漏水量满足设计要求。

（1）管片接缝防水

管片粘贴防水密封条前应将槽内清理干净,粘贴应牢固、平整、严密、位置正确,不得有起鼓、超长和缺口等现象。管片防水密封条粘贴后,在进场、下井拼装前要逐块进行检查,发现问题及时修补;拼装时必须防止防水材料发生损坏脱槽、扭曲和移位等现象;粘贴管片防水密封条前应将管片密封条槽清理干净粘贴后的防水密封条应牢固、平整、严密、位置正确,不得有起鼓、超长和缺口现象;管片防水密封条粘贴完毕并达到粘贴时间要求后方可拼装;管片拼装前应对粘贴的密封条进行检查,拼装时不得损坏密封条。当盾构管廊基本稳定后应及时进嵌缝防水处理。

（2）特殊部位的防水

管片连接螺栓孔应按设计要求进行防水处理。注浆孔应按设计要求进行防水处理;施工过程如采用注浆孔进行注浆时,注浆结束后要对注浆孔进行密封防水处理。

8. 监控测量

（1）一般规定

盾构掘进施工必须有专人负责监控量测,盾构施工中应结合施工环境、地层条件、施工方法与进度确定监控量测方案。监控量测范围应包括盾构管廊和施工环境,监控量测手段必须直观、可靠、科学,对突发安全事故应有应急监测预案。盾构施工中一般采用的监控量测项目见表 4-12;穿越江、河等特殊地段的监控量测项目应根据设计要求制定。

表 4-12 监控量测项目

类 别	监测项目
必测项目	施工线路地表和沿线建筑物、构筑物和管线变形测量
	管廊结构变形测量（包括拱顶下沉、隧道收敛）
选测项目	土体内部位移（包括垂直和水平）
	衬砌环内力和变形
	土层与管片的接触应力
	孔隙水压力

（2）盾构管廊环境监控量测

管廊环境监控量测应包括线路地表沉降观测、沿线邻近建（构）筑物变形测量和地下管线变形测量等。线路地表沉降观测应沿线路中线按断面布设,观测点埋设范围应能反映变形区变形状况。当城市隧道埋深小于 2 倍洞径时,纵断面监测点间距宜为 3~10 m,横断面间距宜为 50~100 m,监测的横断面宽度应大于变形影响范围,监测点间距宜为 3~5 m;地表地物、地下物体较少地区断面设置可放宽;对特殊地段,地表沉降观测断面和观测点的设置应编制专项方案。变形测量频率应根据工程要求和监测对象的变形量和变形速率确定。

（3）综合管廊结构监控量测

综合管廊结构监控量测内容应包括沉降和椭圆度量测,必要时还应进行衬砌环应力等量测;变形测量频率应根据工程要求和监测对象的变形量和变形速率确定。宜利用计算机实现测量数据采集实时化、数据处理自动化、数据输出标准化并应建立监控量测数据库。

当实测变形值大于允许变形的三分之二时,必须及时通报建设、施工、监理等单位,并采取相应措施;工程竣工后应提供监控量测技术总结报告。

（4）施工安全性评价

监控量测信息反馈应根据监控量测数据分析结果，对施工安全性进行评价并提出相应的工程对策与建议。管廊施工过程中应进行监控量测数据的实时分析和阶段分析。每天根据监测数据及时进行分析，发现安全隐患应分析原因并提交异常报告，原则上按周、月递交分析报告，但特殊情况下必须紧急报告。监测实施单位应及时将量测数据和分析结果反馈给设计和监理单位，并迅速处理。根据量测结果，必须按施工安全评价流程图（图 4 - 10）开展工作。

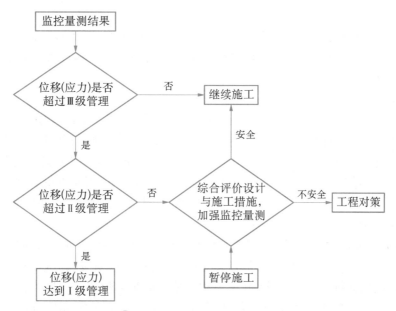

图 4 - 10　施工安全评价流程图

根据位移控制基准，施工安全性评价可按表 4 - 13 分为三个管理阶层。

表 4 - 13　施工安全性评价确定的管理等级

管理等级	距开挖面 1B	距开挖面 2B
Ⅲ	U<U1B/3	U<U2B/3
Ⅱ	U1B/3≤U≤2U1B/3	U2B/3≤U≤2U2B/3
Ⅰ	U>2U1B/3	U>2U2B/3

根据施工安全性评价确定的管理等级，可按表 4 - 14 采取相应的工程对策。

表 4 - 14　根据施工安全性评价级别与相应的工程对策

管理等级	应对措施
Ⅲ	正常施工
Ⅱ	综合评价设计，施工措施，加强监控测量， 必要时采取相应的工程对策
Ⅰ	暂停施工，采取相应的工程对策

位移控制基准应根据测点距开挖面的距离,由初期支护极限相对位移按表 4－15 的要求确定。

表 4－15　位移控制基准

类　别	距开挖面 1B	距开挖面 2B	距开挖面较远
允许值	$65\%U_0$	$90\%U_0$	$100\%U_0$

地表沉降控制基准应根据地层稳定性、周围建(构)筑物的安全要求分别确定,取两者最小值。

当出现变形加速、应力或应变急剧增大并接近控制基准值,以及通过观察发现结构开裂与渗漏水异常、钢架压屈等情况时,必须在确保安全的前提下迅速实施结构加固和补强措施,必要时可暂停施工。

9. 盾构调头、过站、解体

调头和过站设备必须满足盾构安全调头和过站要求。盾构调头和过站可选择方案较多,可根据竖井尺寸、盾构直径、重量及移动距离等决定。由于盾构重量大体积大,起吊、移动调头工作时间长,因此必须预先编制安全、可靠的调头和过站技术方案。当盾构在工作井内调头时,可采用临时转向台调头;小直径且重量轻的盾构,可用起重机直接起吊调头。当盾构在井下通过车站移动至另一个区间掘进施工时,其移动距离较大,可采用移车台,或在预设轨道上使用顶推牵引等方法调头。

盾构调头和过站时必须有专人指挥,专人观察盾构转向或移动状态,避免方向偏离或碰撞。调头和过站后完成盾构管线的连接工作,连接后应按组装、调试步骤重新进行。盾构解体前,应制定详细的解体方案,并准备解体使用的吊装设备、工具材料等,应对各部件进行检查,并应对液压系统和电气系统进行标识。对已拆卸的零部件应做好清理和维护保养工作。

10. 质量验收

盾构法综合管廊施工验收应符合下列规定:

(1) 主控项目:

① 管片出厂时的混凝土强度与抗渗等级必须符合设计要求。

检查数量:应符合现行国家标准《混凝土结构工程施工质量验收规范》(GB 0204—2015)的规定。检验方法:检查同条件混凝土试件的强度和抗渗报告。

② 管片混凝土外观质量不应有严重缺陷,其等级宜按表 4－16 划分。

表 4－16　混凝土管片外观质量缺陷等级

缺陷	缺陷描述	严重缺陷
露筋	管片内钢筋未被混凝土包裹而外露	严重缺陷
蜂窝	混凝土表面缺少水泥砂浆而形成石子外露	严重缺陷
孔洞	混凝土内孔穴深度和长度均超过保护层厚度	严重缺陷
夹渣	混凝土内夹有杂物且深度超过保护层厚度	严重缺陷
疏松	混凝土中局部不密实	严重缺陷

续　表

裂缝	可见的贯穿裂缝	严重缺陷
	长度超过密封槽,宽度大于 0.1 mm,且深度大于 1 mm 的裂缝	严重缺陷
	非贯穿性干缩裂缝	一般缺陷
外形缺陷	棱角磕碰,飞边等	一般缺陷
外表缺陷	密封槽部位在长度 500 mm 的范围内存在直径大于 5 mm,深度大于 5 mm 的气泡超过 5 个	严重缺陷
	管片表面麻面、掉皮、起砂,存在少量气泡等	一般缺陷

检查数量:全数检查

检验方法:观察或尺量

③ 结构表面应无裂缝、无缺棱掉角,管片接缝应符合设计要求。

检验数量:全数检验。

检验方法:观察检验,检查施工日志。

④ 综合管廊防水应符合设计要求。

检验数量:逐环检验。

检验方法:观察检验,检查施工日志。

⑤ 衬砌结构不应侵入建筑限界。

检查数量:每 5 环检验 1 次。

检验方法:全站仪、水准仪测量。

⑥ 综合管廊轴线平面位置和高程偏差应符合表 4-17 的规定。

表 4-17　综合管廊轴线平面位置和高程偏差

项　目	允许偏差(mm)	检验方法	检测频率
综合管廊轴线平面位置	±100	用全站仪测中线	10 环
综合管廊轴线高程	±100	用水准仪测高程	10 环

(2) 一般项目:

① 钢筋和钢筋骨架的制作,安装偏差,检验方法应符合表 4-18,表 4-19 的规定。

表 4-18　钢筋加工允许偏差和检验方法

项　目	允许偏差(mm)	检验方法	检验数量
主筋和构造筋长度	±10		每班同设备生产 15 环同类型钢骨架,应抽检不少于 5 根
主筋折弯点位置	±10	钢卷尺量测	
箍筋内净尺寸	±10		

② 存在一般缺陷的管片数垫不得大于同期生产管片总数量的 10%,并应由生产厂家按技术要求处理后重新验收。

检查数量:金数检查。

表 4 - 19　钢筋骨架制作、安装允许偏差和检验方法

项　目		允许偏差(mm)	检验方法	检验数量
钢筋骨架	长	+5,-10	钢卷尺量测	按日生产量的3%进行抽检,每日抽检不少于3件,且每件检验4点
	宽	+5,-10		
	高	+5,-10		
主筋	间距	±5		
	净距	±5		
	保护层厚度	+5,-3		
箍筋间距		±10		
分布筋间距		±5		

检验方法:观察,检查技术处理方案。

③ 管片的尺寸偏差应符合表 4 - 20 的规定。

表 4 - 20　管片的允许偏差和检验方法

项　目	允许偏差(mm)	检验方法	检验数量
宽度	±1	卡尺量测	3点
弧、弦长	±1	样板、塞尺量测	3点
厚度	+3,-1	钢卷尺量测	3点

检测数量:每日生产且不超过 15 环,抽查 1 环。

检验方法:尺量。

④ 水平拼装检验的频率和结果应符合表 4 - 21 的规定。

表 4 - 21　管片水平拼装检验允许偏差和检验方法

项　目	允许偏差(mm)	检验频率	检查频率
衬砌环直径椭圆度	±0.6%D	尺量后计算	10环
相邻管片的径向错台	10	尺量	4点/环
相邻管片的环向错台	15	尺量	1点/环

检测数量:每日生产且不超过 200 环,水平拼装后检验 1 次。

检验方法:尺量。

⑤ 管片成品检漏测试应按设计要求进行。

检查数量:管片每生产 100 环应抽查 1 块管片进行检漏测试,连续 3 次达到检测标准,则改为每生产 200 环抽查 1 块管片,再连续 3 次达到检漏标准,按最终检测频率为 400 环抽查 1 块管片进行检漏测试。如出现一次不达标,则恢复每 100 环抽查 1 块管片的最初检测频率,再按上述要求进行抽检。当检测频率为每 100 环抽查 1 块管片时,如出现不达标,则双倍复检;如再出现不达标,必须逐块检测。

检查方法:观察、尺量。

⑥ 管廊运行偏差值应符合表 4 - 22 的规定。

表 4 - 22　管廊运行偏差

项　　目	允许偏差（mm）	检验频率	检验方法
环向缝间隙	2	每缝测 6 点	塞尺量测
纵向缝间隙	2	每缝测 2 点	塞尺量测
成环后内劲	±2	测 4 条（不放衬垫）	钢卷尺量测
成环后外径	+6，−2	测 4 条（不放衬垫）	钢卷尺量测

注：D 指管廊外径，单位：mm。

（3）盾构掘进法施工，应对下列项目进行中间检验，并符合有关规定：

管片制作：模板、钢筋、混凝土、制作成型的单块预制管片检漏测试和水平拼装检验；

盾构掘进及管片拼装：① 管廊的平面及高程；② 管片接缝的防水材料及密封条的粘贴质量；③ 管片的拼装及连接。

（4）管廊结构竣工验收应符合下列规定：

钢筋混凝土管片结构抗压强度、抗渗压力应符合设计规定；

结构表面应无渗漏裂缝，无缺棱、掉角，管片接缝严密。其允许偏差应符合本指南规定。工程竣工验收应提供下列资料：

① 原材料、预制管片等成品、半成品质量合格证；

② 各种试验报告和质量评定记录；

③ 隐蔽工程验收记录；

④ 工程测量定位记录；

⑤ 衬砌环轴线高程、平面偏移位；

⑥ 衬砌渗漏水量检测值；

⑦ 图纸会审记录、变更设计或洽商记录；

⑧ 监控量测记录；

⑨ 开竣工报告

⑩ 竣工图。

为保证管廊结构工程质量，从管片制作开始，就应精心施工，并对每一道工序进行检验，这样，才能最终保证管廊结构的工程质量。管廊结构不仅承受土压荷载，同时还要满足防水要求。因此，其抗压强度和抗渗压力必须符合设计要求，同时，管片接缝是防水薄弱环节，施工必须精心，保证质量，以防渗漏水。

4.4.3　案例示范（自主学习）

某新区综合管廊浅盾构法施工案例及盾构施工视频，具体内容扫描二维码：

综合管廊盾构法施工案例及视频

任务小结

盾构法是在盾构保护下修筑软土隧道的一类施工方法。这类方法的特点是地层掘进、出土运输、衬砌拼装、接缝防水和盾尾间隙注浆充填等作业都在盾构保护下进行,并需随时排除地下水和控制地面沉降,因而是工艺技术要求高、综合性强的一类施工方法。用盾构法进行施工具有以下优点:机械化水平高,施工组织简单,易于管理,施工安全,速度快,工程结构质量优良,施工引起沉降小,较易于控制,可在有水地层施工,不需降水,施工占地小,施工对周边环境干扰小,特别适合穿越既有建(构)筑物之下或近旁,工程投资易于控制。其缺点主要是工程变化的适应性稍差,盾构施工设备费用较高,隧道覆土浅时,地表沉降不易控制,施工小曲线半径隧道时难度较大。

课后任务及评定

1. 名词解释

(1) 盾构:

(2) 土压平衡盾构掘进:

(3) 泥水平衡盾构掘进:

2. 填空题

(1) 盾构由_____发明于 19 世纪初期,首先应用于开挖英国伦敦泰晤士河水底隧道。

(2) 盾构工作竖井的结构形式根据地质环境条件,可选用地下_____、_____及_____等,并应按相应的有关规定施工,盾构工作竖井结构必须满足_____及盾构推进的_____和_____要求。

(3) 盾构始发进入起始段施工,一般长度为_____,起始段是掌握、摸索了解、验证盾构适应性能及施工规律的过程。

(4) 为了达到隧道贯通误差的要求和使盾构准确进入工作井已设置的洞门位置,因此规定在盾构达前 100 m,对_____进行复测与调整。

3. 简答题

(1) 简述浅盾构施工优缺点。

(2) 简述盾构施工的基本原理。

(3) 简述复合盾构与一般盾构区别。

(4) 简述盾构法施工采用预制拼装式钢筋混凝土管片防水的做法有哪些类型。

(5) 简述盾构法施工中壁后注浆的目的。

任务4.4

课后习题及答案

任务 4.5　城市综合管廊顶进法施工

工作任务

掌握城市综合管廊顶进法施工具体工作内容。

具体任务如下：

(1) 掌握城市综合管廊工程顶进法施工工艺流程；

(2) 掌握城市综合管廊顶进法施工要点；

(3) 掌握城市综合管廊工程顶进法施工质量检测方法及要点。

工作途径

《城市综合管廊工程技术规范》(GB 50838—2015)；

《混凝土结构耐久性设计规范》(GB/T 50476—2019)；

《建筑工程抗震设防分类标准》(GB 50223—2008)；

《城市综合管廊工程施工技术指南》。

任务单 4.5

成果检验

(1) 对照任务单完成课前预习、课中考核及分工协作，完成课后习题自测；

(2) 本任务采用学生线上自测及教师线下评价综合打分。

▶ 4.5.1　发展概况

1. 发展概况

作为一种现代化的非开挖施工方法，顶管施工以环境破坏小，综合成本低，施工时间短，社会效益显著等特点，在穿越公路、铁道、河川及地面建、构筑物等施工条件下，具有极大的优势。随着综合管廊建设在我国的兴起，顶管施工技术作为综合管廊穿越各种城市障碍物的有效手段之一，势必得到更加广泛发展与应用。顶管施工的基本原理就是依靠位于工作井内的主顶油缸及管涵中继间等的推力，把顶管机从工作井内穿过障碍物下的土层，一直推进到接收井内。与此同时，紧随其后的预制管节按照顶管机的推进轴线一节节的埋设就位，如图 4-11 所示。从顶管施工的构成要素来看，一个完整的顶管施工体系需要包括以下十六部分：工作坑和接收坑、洞口止水圈、掘进机、主顶装置、顶铁、基坑导轨、后座墙、顶进用管及接口、出土装置、地面起吊设备、测量装置、注浆系统、中继、辅助施工、供电及照明、通风与换气。

从不同角度，顶管施工的分类亦各不相同。最简单的分类方法就是根据顶管的直径大小，从小到大可分为微型、小口径、中口径及大口径四类；从顶进距离大小可以分为普通顶管和长距离顶管；从顶进姿态不同又可分为直线顶管和曲线顶管；以顶管工具管的作业形式来分，可以分为手掘式、半机械式、机械式顶管施工，目前来看，机械式顶管的应用越来越普遍，根据掘进机械不同，可进一步分为泥水式、土压式及气压式三种最常见形式。

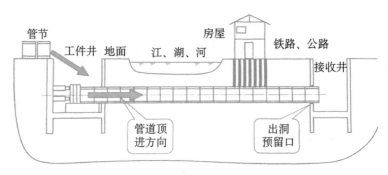

图 4-11　顶进施工示意图

2. 顶进方法选择

顶管施工首先要做的第一步就是设备的选型,而设备选型的关键是适应性问题。针对不同的地质条件、不同的施工条件和不同的周边环境等要求,必须选用与之适应的掘进方顶管顶进方法,应根据工程设计要求、工程水文地质条件、周围环境和现场条件,经技术经济比较后确定,并应符合下列规定:

(1) 采取敞口式(手掘式)顶管机时,应将地下水位降至管底以下不小于 0.5 m 处,并应采取措施,防止其他水源进入顶管的管道;

(2) 周围环境要求控制地层变形或无降水条件时,宜采用封闭式的土压平衡或泥水平衡顶管机施工;

(3) 穿越建(构)筑物、铁路、公路、重要管线和防汛墙等时,应制订相应的保护措施。

顶管施工应主要根据土质情况、地下水位、施工要求等,在保证工程质量、施工安全等的前提下,合理选用顶管机型(见表 4-23)。

表 4-23　顶管机选用参考表

编号	顶管机形式	适用管道内径 D(mm) 管顶覆土厚度 H(m)	地层稳定措施	适用地层	适用环境
1	手掘式	D:900~4200 H:≥3 m 或≥1.5D	遇砂性土用降水法疏干地下水;管道外周注浆形成泥浆套	黏性或砂性土,在软塑和流塑黏土中慎用	允许管道周围地层和地面有较大变形,正常施工条件下变形量 10~20 cm
2	挤压式	D:900~4200 H:≥3 m 或≥1.5D	1. 适当调整推进速度和进土量; 2. 管道外周注浆形成泥浆套	软塑和流塑性黏土,软塑和流塑的黏性土夹薄层粉砂	允许管道周围地层和地面有较大变形,正常施工条件下变形量 10~20 cm
3	网格式(水冲)	D:1000~2400 H:≥3 m 或≥1.5D	适当调整开口面积,调整推进速度和进土量,管道外周注浆形成浆套	软塑和流塑性黏土,软塑和流塑的黏性土夹薄层粉砂	允许管道周围地层和地面有较大变形,精心施工条件下地面变形量可小于 15 cm

编号	顶管机形式	适用管道内径 D(mm) 管顶覆土厚度 H(m)	地层稳定措施	适用地层	适用环境
4	斗铲式	D:1800～2400 H:≥3 m 或≥ 1.5D	气压平衡开挖面土压力,管道周围注浆形成泥浆套	地下水位以下的砂性土和黏性土,但黏性土的渗透系数应不大于10～4 cm/s	允许管道周围地层和地面有中等变形,精心施工条件下地面变形量可小于10 cm
5	多刀盘土压平衡式	D:900～2400 H:≥3 m 或≥ 1.5D	胸板前密封舱内土压平衡地层和地下水压力,管道周围注浆形成泥浆套	软塑和流塑性粘土,软塑和流塑的黏性土夹薄层粉砂。黏质粉土中慎用	允许管道周围地层和地面有中等变形,精心施工条件下地面变形量可小于10 cm
6	刀盘全断面切削土压平衡式	D:900～2400 H:≥3 m 或≥ 1.5D	胸板前密封舱内土压平衡地层和地下水压力,以土压平衡装置自动控制,管道周围注浆形成泥浆套	软塑和流塑性粘土,软塑和流塑的黏性土夹薄层粉砂。黏质粉土中慎用	允许管道周围地层和地面有较小变形,精心施工条件下地面变形量可小于5 cm
7	加泥式机械土压平衡式	D:600～4200 H:≥3 m 或≥ 1.5D	胸板前密封舱内混有黏土浆液的塑性土压力平衡地层和地下水压力,以土压平衡装置自动控制,管道周围注浆形成泥浆套	地下水位以下的黏性土、砂质粉土、粉砂。地下水压力大于200 kPa,渗透系数大于等于10～3 cm/s时慎用	允许管道周围地层和地面有较小变形,精心施工条件下地面变形量可小于5 cm
8	泥水平衡式	D:250～4200 H:≥3 m 或≥ 1.5D	胸板前密封舱内的泥浆压力平衡地层和地下水压力,以泥浆平衡装置自动控制,管道周围注浆形成泥浆套	地下水位以下的黏性土、砂性土。渗透系数大于10～1 cm/s,地下水流速较大时,严防护壁泥浆被冲走	允许管道周围地层和地面有很小变形,精心施工条件下地面变形量可小于3 cm
9	混合式顶管机	D:250～4200 H:≥3 m 或≥ 1.5D	上述方法中两种工艺的结合	根据组合工艺而定	根据组合工艺而定
10	挤密式顶管机	D:150～400 H:≥3 m 或≥ 1.SD	将泥土挤入周围土层而成孔,无须排土	松软可挤密地层	允许管道周围地层和地面有较大变形

▶ 4.5.2　顶进法施工

1. 工作井

顶进工作井就是安装顶管设备、顶进的沉井,其后背墙应符合下列规定:

(1) 两个方向有折角时,应对后背墙结构及布置进行设计;

(2) 装配式后背墙宜采用方木、型钢或钢板等组装,底端宜在工作坑底以下不小于500 mm;组装构件应规格致、紧贴固定;后背上体壁面应与后背墙贴紧,有孔隙时应采用砂石料填塞密实;

(3) 无原土作后背墙时,宜就地取材设计结构简单人工后背墙;

(4) 利用已顶进完成的管道作后背时,待顶进管道的最大允许顶进力应小于已完成顶进管道的外壁摩擦阻力;后背钢板与管口端面之间应衬垫缓冲材料,并应采取措施保护已顶入管道的接口不受损伤。

图4-12 矩形顶管施工工作井

顶进工作井(图4-12)内布置及设备安装、运行应符合下列规定:

(1) 顶铁的强度、刚度应满足最大允许顶力要求;顶铁与管端面之间应采用缓冲材料衬垫;顶进作业时,作业人员不得在顶铁上方及侧面停留;

(2) 千斤顶宜固定在支架上,并与管道中心的垂线对称;油泵应与千斤顶相匹配,并应有备用油泵;千斤顶、油泵、换向阀及连接高压油管等安装完毕,应进行试运转;顶进中若发现油压突然增高,应立即停止顶进,检查原因并经处理后方可继续顶进;

(3) 应根据计算的最大顶力确定顶进设备,并有备用千斤顶;液压传动系统的动力装置、高压油泵、油箱及其控制阀等工作压力应与千斤顶匹配:液压系统的各部件,应单体试验合格后方可安装,全部安装后必须试运转,达到要求后方可使用:顶进过程中,当液压系统发生故障时应立即停止运转,严禁在工作状态下检修。

工作井洞口施工应符合下列规定:

(1) 进、出洞口的位置应符合设计和施工方案的要求;

(2) 洞口土层不稳定时,应对土体进行改良,进出洞施工前应检查改良后的土体强度和渗漏水情况;

(3) 设置临时封门时,应考虑周围土层变形控制和施工安全等要求;封门应拆除方便,拆除时应减小对洞门土层的扰动;

(4) 顶进施工的洞口应设置止水装置,止水装置联结环板应与工作井壁内的预埋件焊接牢固,且用胶凝材料封堵;采用钢管做预埋顶管洞口时,钢管外宜加焊止水环;在软弱地层,洞口外缘宜设支撑点。

2. 管道(涵)进、出洞口

进、出工作井时,应根据工程地质和水文地质条件、埋设深度、周边环境和顶进方法,选择技术经济合理的技术措施,并应符合下列规定:

(1) 应保证顶管进、出工作井和顶进过程中洞圈周围的土体稳定;

(2) 应考虑顶管机的切削能力;

(3) 洞口周围土体含地下水时,若条件允许可采取降水措施,采取注浆等措施加固土体以封堵地下水;在拆除封门时,顶管机外壁与工作井洞圈之间应设置洞口止水装置,防止顶进施工时泥水渗入工作井。

工作井洞口封门拆除应符合下列规定:

(1) 钢板桩工作井,可拔起或切割钢板桩露出洞口,并采取措施防止洞口上方的钢板桩下落;

(2) 工作井的围护结构为沉井工作井时,应先拆除洞圈内侧的临时封门,再拆除井壁外侧的封板或其他封填物;

(3) 在不稳定土层中顶管时,封门拆除后应将顶管机立即顶入土层;

(4) 拆除封门后,顶管机应连续顶进,直至洞口及止水装置发挥作用为止;

(5) 在工作井洞口范围可预埋注浆管,管道进入土体之前可预先注浆。

3. 管道(涵)顶进

顶进前的检查一般包括以下内容:

(1) 全部设备经过检查并经过试运转;

(2) 顶管掘进机在导轨上的中心线、坡度和高程应符合规定;

(3) 制定了防止流动性土或地下水由洞口进入工作坑的措施;

(4) 开启封门的措施完备。

顶进应具备的条件一般包括以下内容:

(1) 主体结构混凝土必须达到设计强度,防水层及防护层应符合设计要求;

(2) 顶进后背和顶进设备安装完成,经试运转合格;

(3) 线路加固方案完成,并经主管部门验收确认;

(4) 线路监测、抢修人员及设备等应到位;

(5) 劳动力组织及观测、试验人员分工明确。

试顶要符合下列规定:

(1) 各观测点均应有专人负责,随时检查变化情况;

(2) 开泵后,每当油压升高 5~10 MPa 时,应停泵观察,发现异常及时处理;

(3) 当千斤顶活塞开始伸出,顶柱(铁)压紧后应立即停顶,经检查各部位无异常现象时,再开泵直至涵身启动;

顶进作业应符合下列规定:

(1) 应根据土质条件、桥涵的净空尺寸、周围环境控制要求、顶进方法、各顶顶进参数和监控数据、顶管机工作性能等,确定顶进、开挖、出土的作业顺序和调整顶进参数;

(2) 掘进过程中应严格量测监控,实施信息化施工,确保开挖掘进开挖面土体稳定和土(泥水)压力平衡;并控制顶进速度、挖土和出土量,减少土体扰动和地层变形;

(3) 采用敞口式(手工掘进)顶管机,在允许超挖的稳定土层中正常顶进时,管下部 135°范围内不得超挖,管顶以上超挖量不得大于 15 mm;

(4) 管道顶进过程中循"勤测量、勤纠偏、微纠偏"的原则,控制顶管机前进方向和姿态,并应根据测量结果分析偏差产生的原因和发展趋势,确定纠偏的措施;

(5) 开始顶进阶段,应严格控制顶进的速度和方向;

(6) 进入接收工作井前应提前进行顶管机位置和姿态测量,并根据进口位置提前进行调整;

　　(7) 钢筋混凝土管(涵)接口应保证橡胶圈正确就位,钢管接口焊接完成后,应进行防腐层补口施工,焊接及防腐层检验合格后方可顶进;

　　(8) 应严格控制管(涵)线形,对于柔性接口管(涵),其相邻管间转角不得大于该管材的允许转角;

　　(9) 每次挖土进尺及开挖面的坡度,应根据土质和线路加固情况以及千斤顶的顶程确定,开挖坡面应平顺整齐,不得有反坡;

　　(10) 两侧应欠挖 5 cm,以使钢刃脚切土顶进;当为斜交涵时,前端锐角侧清底困难,应优先开挖;当设有中刃脚时,应紧切土前进,使上下两层隔开,不得挖通,平台上不得积存土方;

　　(11) 列车或车辆通过时严禁挖土,人员应撤离至土方可能坍塌范围以外;当挖土或顶进过程中发生塌方,影响行车安全时必须停止顶进,迅速抢修加固;

　　(12) 挖运土方与顶进作业应循环交替进行,严禁同时进行;

　　(13) 顶进圆形箱涵均应安装导轨,导轨应顺直,安装时应稳定牢固,严格控制高程、内距及中心线;可按管节的外径制作弧形样板进行检查;导轨高程及内距允许偏差为 ±2 mm,中线允许偏差为 3 mm,管节外径距枕木不得小于 20 mm。

4. 顶力计算

　　计算施工顶力时,应综合考虑管节材质、顶进工作井后背墙结构的允许最大荷载、顶进设备能力、施工技术措施等因素;施工最大顶力应大于顶进阻力,但不得超过管材或工作井后背墙的允许顶力。

　　施工最大顶力有可能超过允许顶力时,应采取减少顶进阻力、增设中继间等施工技术措施。顶进阻力计算应按当地的经验公式,或参照现行国家标准《给水排水管道工程施工及验收规范》(GB 50268—2008)中相关规定计算。顶管的顶力亦可按下式计算(亦可采用当地的经验公式确定):

$$P = f \times \gamma \times D_1 \times \left\{ 2H + (2H + D_1) \times \tan^2\left(45° - \frac{\Phi}{2}\right) + \frac{\omega}{\gamma \times D_1} \right\} \times L + P_1$$

式中:P——计算的总顶力(KN);

　　　γ——管道所处土层的重力密度(KN/m^3);

　　　D_1——管道的外径/箱涵外立面高度(m);

　　　H——管道顶部以上覆盖土层的厚度(m);

　　　Φ——管道所处土层的内摩擦角;

　　　ω——管道单位长度的自重(KN/m);

　　　L——管道的计算顶进长度(m);

　　　f——顶进时,管道表面与其周围土层之间的摩擦系数,其取值可按表 4-24 所列数据选用;

　　　P_1——进时顶管掘进机的迎面阻力(其取值见表 4-24)(KN)

表 4-24　顶进管道与其周围土层的摩擦系数

土层类型	湿	干
黏土,粉质沙土	0.2~0.3	0.4~0.5
砂土,粉质砂土	0.3~0.4	0.5~0.6

采用敞开式顶管法施工时,顶管掘进机的切入阻力可按下面公式计算:

$$P_1 = \pi \times D_2 \times t_s \times P_2$$

式中:P_1——顶进时顶管掘进机的迎面阻力(KN);

D_2——顶管机外径(m);

t_s——切削工具管的壁厚(m);

P_2——单位面积土的端部阻力(表 4-25)(KN/m²)。

表 4-25　不同地层的单位面积土的端部阻力

土层类型	P_2(kN/m²)
软岩,固结土	12000
砂砾石层	7000
致密砂层	6000
中等密度砂层	4000
松散砂层	2000
硬-坚硬黏土层	3000
软-硬黏土层	1000
粉砂层,淤积层	400

在封闭式压力平衡顶管施工中,迎面阻力可以用如下经验公式进行计算:

$$P_1 = 13.2 \times \pi \times D_3 \times N$$

式中:D_3——掘进机外径（m）;

N——土的标准贯入指数。

曲线顶进时,应分别计算其直线段和曲线段的顶进力,然后累加即得总的顶进力;直线段的顶进力仍然按照上述公式来计算,而曲线段的顶进力则可按照下面的公式进行计算:

$$F_n = K^n \times F_0 + \frac{F' \times (K^{(n+1)} - K)}{K - 1}$$

式中:F_n——顶进力(KN);

K——曲线顶管的摩擦系数;$K = 1/(\cos \alpha - k \cdot \sin \alpha)$;其中,$\alpha$ 为每一根管节所对应的圆心角,k 为管道和土层之间的摩擦系数,$k = \tan \varphi/2$;

n——曲线段顶进施工所采用的管节数量;

F_0——开始曲线段顶进时的初始推力(KN);

F'——作用于单根管节上的摩阻力(KN)。

5.后背设计

后背是顶进管道时为千斤顶提供反作用力的一种结构,有时也称为后座、后背或者后背墙等;在施工中,要求后背必须保持稳定,一旦后背遭到破坏,顶管施工就要停顿;后背的设计要通过详细计算,其重要程度不亚于顶进力的预测计算。后背的最低强度应保证在设计顶进力的作用下不被破坏,并留有较大的安全度;要求其本身的压缩回弹量为最小,以利于充分发挥主顶工作站的顶进效率在设计和安装后背时,应使其满足如下要求:

(1) 要有充分的强度;

(2) 要有足够的刚度;

(3) 后背表面应平直;

(4) 后背材料的材质要均匀一致;

(5) 结构简单、装拆方便。

利用已顶进完毕的管道作后背时,应符合下列规定:

(1) 待顶管道的顶进力应小于已顶管道的顶进力;

(2) 后背钢板与管口之间应衬垫缓冲材料;

(3) 采取措施保护已顶入管道的接口不受损伤。

6. 中继间

中继间是在长距离顶管中用于分段顶进而设在管段中间的封闭的环形小室,一般用钢材制作,沿管环设置千斤顶。采用中继间顶进时,其设计顶力、设置数量和位置应符合施工方案,并应符合下列规定:

(1) 设计顶力严禁超过管材允许顶力;

(2) 第一个中继间的设计顶力,应保证其允许最大顶力能克服前方管道的外壁摩擦阻力及顶管机的迎面阻力之和;

(3) 确定中继间位置时,应留有足够的顶力安全系数;

(4) 中继间密封装置宜采用径向可调形式,密封配合面的加工精度和密封材料的质量应满足要求;

(5) 超深、超长距离顶管工程,中继间应具有可更换密封止水圈的功能。

中继间的安装、运行、拆除应符合下列规定:

(1) 中继间壳体应有足够的刚度;其千斤顶的数量应根据该段施工长度的顶力计算确定,并沿周长均匀分布安装;其伸缩行程应满足施工和中继结构受力的要求;

(2) 中继间外壳在伸缩时,滑动部分应具有止水性能和耐磨性,且滑动时无阻滞;

(3) 中继间安装前应检查各部件,确认正常后方可安装;安装完毕应通过试运转检验后方可使用;

(4) 中继间的启动和拆除应由前向后依次进;

(5) 拆除中继间时,应具有对接接头的措施;中继间的外壳若不拆除,应在安装前进行防腐处理。

7. 减阻剂选择及相应措施

长距离顶管施工中,降低顶进阻力最有效的方法是进行注浆,一般应满足下列要求:

(1) 选择优质的触变泥浆材料,对膨润土取样测试;主要指标为造浆率水量和动塑比;

(2) 压浆方式要以同步注浆为主,补浆为辅;在顶进过程中,要经常检查各推进段的浆液形成情况;

(3) 注浆工艺由专人负责,质量员定期检查。

一般采用有触变性的悬浮液(如膨润土浆液或膨润土浆液加聚合物等)为润滑材料;在水力输送微型隧道工法中,通常也采用清水或者清水加聚合物为平衡和输送介质;顶管施工一般优先选用钠基膨润土。注浆管道分为主管和支管两种,主管道宜选用直径为 40～50 mm 的钢管支管可选用 25～30 mm 的橡胶管;要求管路接头在压力 1 kPa 下无渗漏现象浆孔的位置应尽可能均匀地分布于管道周围,其数量和间距依据管道直径和浆在地层中的扩散性能而定;每个断面可设置 3～5 个注浆孔,均匀地分布于管周围;要求注浆孔具有排气功能;采用触变泥浆减阻时,应编制施工设计,并应包括以下内容:

(1) 泥浆配合比、压浆数量和压力的确定;

(2) 泥浆制备和输送设备及其安装规定;

(3) 注浆工艺、注浆系统及注浆孔的布置;

(4) 顶进洞口的泥浆封闭措施;

(5) 泥浆的置换。

触变泥浆的压浆泵宜采用活塞泵或螺杆泵;管路接头宜选用拆卸方便、密封可靠的活接头。触变泥浆的配合比,应按照管道周围土层的类别、膨润土的性质和触变泥浆的技术指标确定;触变泥浆的注浆量,可按照管道与其周围土层之的环状间隙体积的 1.5～2.0 倍估算。泥浆的灌注应符合下列规定:

(1) 搅拌均匀的泥浆应静止一定时间后方可灌注;

(2) 注浆前,应对注浆设备进行检查,确认设备工作正常后方可开始灌注;

(3) 在注浆过程中,应根据减阻和控制地面变形的实际监测数据,及时调注浆流量和注浆压力等工艺参数;在注浆时必须密切进行沉降量的观测。

8. 施工的测量与纠偏

施工过程中应对管道水平轴线和高程、顶管机姿态等进行测量,并及时对测量控制基准点进行复核;发生偏差时应及时纠正。顶进施工测量前应对井内的测量控制基准点进行复核;发生工作井位移、沉降、变形时应及时对基准点进行复核。

管道水平轴线和高程测量应符合下列规定:

(1) 出顶进工作井进入土层,每顶进 300 mm,测量不应少于 1 次;正常顶进时,每顶进 1000 mm,测量不应少于 1 次;

(2) 进入接收工作井前 30 m 应增加测量,每顶进 300 mm,测量不应少于一次;

(3) 全段顶完后,应在每个管节接口处测量其水平轴线和高程;有错口时,应测出相对高差;

(4) 纠偏量较大或频繁纠偏时应增加测量次数;

(5) 测量记录应完整、清晰。距离较长的顶管,宜采用计算机辅助的导线法(自动测量导向系统)进行测量在管道内增设中间测站进行常规人工测量时,宜采用少设测站的长导线法,每次测量均应对中间测站进行复核。

纠偏应符合下列规定:

(1) 顶管过程中应绘制顶管机水平与高程轨迹图、顶力变化曲线图、管节编号图,随时掌握顶进方向和趋势;

(2) 在顶进中及时纠偏;

(3) 采用小角度纠偏方式;

(4) 纠偏时开挖面土体应保持稳定;采用挖土纠偏方式,超挖量应符合地层控制和施工设计要求;

（5）刀盘式顶管机应有纠正顶管机旋转措施。

9. 地表及构筑物变形及形变监测和控制措施

根据设计要求、工程特点及有关规定,对管(隧)道沿线影响范围地表或地下管线等建(构)筑物设置观测点,进行监控测量;监控测量的信息应及时反馈以指导施工,发现问题及时处理。在市区内施工时,为了不影响对其他地上或地下建筑物或构筑物的扰动,必须进行地面变形监测和建筑物的沉降观测,按建设单位的要求,在指定地段进行施工监测布置,观测在顶进过程中地面变形和土体位移情况,以便及时采取措施保证地上或地下建筑物或构筑物的安全和正常使用,顶进结束后应绘制施工过程和竣工后的地面变形图。

监控测量的控制点(桩)设置应符合现行国家标准《给水排水管道工程施工及验收规范》(GB 50268—2008)中第 3.17 条的规定,每次测量前应对控制点(桩)进行复核,如有扰动,应进行校正或重新补设。

10. 安全技术措施

施工前进行安全风险评估:施工前应根据工程水文地质条件、现场施工条件、周围环境等因素,进行安全风险评估;并制定防止发生事故以及事故处理的应急预案,备足应急抢险设备、器材等物资;根据工程设计、施工方法、工程水文地质条件,对邻近建(构)筑物、管线应采用土体加固或其他有效的保护措施。

采用起重设备或垂直运输系统时,应符合下列规定:

（1）起重设备必须经过起重荷载计算;

（2）使用前应按有关规定进行检查验收,合格后方可使用;

（3）起重作业前应试吊,确认安全后方可起吊;起吊时工作井内严禁站人;

（4）严禁超负荷使用;

（5）工作井上、下作业时必须有联络信号。

所有设备、装置在使用中应按规定定期检查、维修和保养。

11. 质量验收

顶管法综合管廊施工验收应符合下列规定:

（1）主控项目:板轴线位置、结构尺寸、顶面坡度、锚梁、方向墩等应符合施工设计要求。

检查数量:全数检查。

检验方法:观察、检查施工记录

（2）一般项目:

① 滑板允许偏差应符合表 4-26 的规定。

表 4-26　滑板允许偏差

项　目	允许偏差（mm）	检验频率		检验方法
		范围	点数	
中线偏位	50	每座	4	用经纬仪测量纵、横各 1 点
高程	50		5	用水准仪测量
平整度	5		5	用 2 m 直尺、塞尺量

（2）综合管廊预制允许偏差应符合表 4-27 的规定。

表 4−27　箱涵预制作允许偏差

项　目		允许偏差（mm）	检验频率		检验方法
			范围	点数	
断面尺寸	净空宽	±30	每座每节	6	用钢尺量,沿全长中间及两端的左、右各 1 点
	净空高	±50		6	用钢尺量,沿全长中间及两端的上、下各 1 点
厚度		±10		8	用钢尺量,每端顶板,地板及两侧壁各 1 点
长度		±50		4	用钢尺量,两侧上、下各 1 点
侧向弯曲		L/1000		2	沿构建全长拉线、用钢尺量,左、右各 1 点
轴线偏位		10		2	用经纬仪测量
垂直度		≤0.15%H 且不大于 10		4	用经纬仪测量或垂线和钢尺量,每测 2 点
两对角线长度差		75		1	用钢尺量顶板
平整度		5		8	用 2 m 直尺、塞尺量(两侧内墙各 4 点)

③ 混凝土结构表面应无孔洞、露筋、蜂窝、麻面和缺棱掉角等缺陷。

检查数量:全数检查

检验方法:观察。

④ 综合管廊顶进允许偏差应符合表 4−28 的规定。

表 4−28　顶进允许偏差

项　目		允许偏差（mm）	检验频率		检验方法
			范围	点数	
轴线偏位	L>15 m	100	每座每节	2	用经纬仪测量,两端各 1 点
	15 m≤L≤30 m	200			
	L>30 m	300			
高程	L>15 m	+20　−100		2	用水准仪测量,两端各 1 点
	15 m≤L≤30 m	+20　−150			
	L>30 m	+20　−200			
相邻两端高差		50		1	用钢尺量

⑤ 分节顶进的综合管廊就位后,接缝处应直顺、无渗漏。

检查数量:全数检查。

检验方法:观察。

▶ 4.5.3　案例示范(自主学习)

某城市综合管廊顶进法施工案例,具体内容扫描二维码:

城市综合管廊顶进法施工案例

任务小结

顶管技术作为非开挖技术在综合管廊建设中具有不破路、不阻断交通、不影响周围建筑、综合造价低、空间利用率大等优势。但顶进方法与顶进机械的选择,应根据工程设计要求、工程水文地质条件、周围环境和现场条件,经技术经济比较后确定。

课后任务及评定

1. 名词解释

(1) 顶进工作井:

(2) 中继间:

2. 填空题

(1) 施工最大顶力有可能超过允许顶力时,应采取_____、_____等施工技术措施。

(2) 长距离顶管施工中,降低顶进阻力最有效的方法是_____。

(3) 施工过程中应对管道_____和_____、_____等进行测量,并及时对_____进行复核;发生偏差时应及时纠正。

(4) 计算施工顶力时,应综合考虑_____、_____、_____、_____等因素;施工最大顶力应大于顶进阻力,但不得超过管材或工作井后背墙的_____。

3. 简答题

(1) 简述浅顶管施工优缺点。

(2) 简述顶管施工的基本原理。

(3) 简述一个完整的顶管施工体系包括哪些部分。

(4) 简述顶进施工后背墙结构应满足哪些要求。

(5) 简述长距离顶管施工中,为降低顶进阻力进行注浆应满足哪些要求。

任务 4.5

课后习题及答案

任务 4.6　现浇钢筋混凝土综合管廊施工

工作任务

掌握现浇钢筋混凝土综合管廊施工具体工作内容。

具体任务如下:

(1) 掌握现浇钢筋混凝土综合管廊施工工艺流程;

(2) 掌握现浇钢筋混凝土综合管廊施工要点;

(3) 掌握城市现浇钢筋混凝土综合管廊施工质量检测方法及要点。

工作途径

《城市综合管廊工程技术规范》(GB 50838—2015);
《混凝土结构耐久性设计规范》(GB/T 50476—2019);
《钢筋机械连接技术规程》(JGJ 107—2016);
《城市综合管廊工程施工技术指南》。

成果检验

任务单 4.6

(1) 对照任务单完成课前预习、课中考核及分工协作,完成课后习题自测;
(2) 本任务采用学生线上自测及教师线下评价综合打分。

4.6.1　现浇法技术概述

1. 发展概况

现浇法是指综合管廊工程施工时,在开挖的基坑中进行综合管廊主体结构浇筑和防水施工,具有施工简便、安全、经济、质量易保证等诸多优点,广泛适用于多种地质条件下的综合管廊施工,但是其施工时占地面积大,对周围环境和交通影响较大,一般要求有比较开阔的作业场地。

2. 总体要求

现浇钢筋混凝土综合管廊(图 4-13)在国内应用较为广泛,混凝土浇筑前应完成下列作:

(1) 隐蔽工程验收和技术复核;
(2) 对操作人员进行技术交底;
(3) 根据施工方案中的技术要求,检查并确认施工现场是否具备实施条件;
(4) 施工单位应填报浇筑申请单,并经监理单位签认。

图 4-13　现浇钢筋混凝土综合管廊

浇筑前应检查混凝土送料单,核对混凝土配合比,确认混凝土强度等级,检查混凝土运输时间,测定混凝土坍落度,必要时还应测定混凝土扩展度,在确认无误后再进行混凝土浇筑,混凝土拌合物入模温度不应低于 5℃,且不应高于 35℃。混凝土运输、输送、浇筑过程中严禁加水,混凝土运输、输送、浇筑过程中散落的混凝土严禁用于结构浇筑,并且混凝土应布料均衡,应对模板及支架进行观察和维护,发生异常情况应及时进行处理。混凝土浇筑和振捣应采取防止模板钢筋、钢构、预埋件及其定位件移位的措施。

4.6.2　现浇法施工

1. 模板与支撑工程

模板应按图加工、制作。通用性强的模板宜制作成定型模板。模板面板背侧的木方高度应一致。制作胶合板模板时,其板面拼缝处应密封。管廊工程墙体的模板对拉螺栓中部应设止水片,止水片应与对拉螺栓环焊。

木模板制作应符合下列规定：

（1）木模可在工厂制作，木模与混凝土接触的表面应平整、光滑；

（2）木模的接缝可做成平缝、搭接缝或企口缝，当采用平缝时，应采取措施防止漏浆；

（3）木模的转角处应加嵌条或做成斜角；

（4）重复使用的模板应经常检查、维修，始终保持其表面平整、形状准确漏浆，有足够的强度和刚度。

钢模板制作应符合下列规定：

（1）钢模板宜采用标准化的组合模板，组合钢模板的拼装应符合现行国家标准钢模板制作应符合下列规定；

（2）钢模板及其配件应按批准的加工图加工，成品经检验合格后方可使用；

（3）大块钢模板加工中，组装前应对零部件的几何尺寸进行全面检查，合格方可进行组装，对零部件的各种连接形式的焊缝应符合外观质量标准；

（4）各种螺栓连接件应符合国家现行有关标准。

钢框胶合板覆面模板的板面组配宜采取错缝布置，支撑系统的强度和刚度应满足要求。吊环应采用 HPB300 钢筋制作，严禁使用冷加工钢筋，吊环计算拉应力不应大于 50 MPa。

模板安装应符合下列规定：

（1）模板与钢筋安装工作应配合进行，妨碍绑扎钢筋的模板应待钢筋安装完毕后安设；模板不应与脚手架连接（模板与脚手架整体设计时除外），避免引起模板变形；

（2）安装模板时，应在适当位置预留清扫杂物用的窗口；在浇筑混凝土前，应将模板内部清扫干净，经检验合格后，再将窗口封闭；

（3）侧墙模板施工时，应设置确保墙体直顺和防止浇筑混凝土时模板倾覆的装置；

（4）综合管廊的整体式内模施工，木模板为竖向木纹使用时，除应在浇筑将模板充分湿透外，并应在模板适当间隔处设置八字缝；

（5）采用穿墙螺栓来平衡混凝土浇筑对模板的侧压力时，应选用两端能拆卸的螺栓，并应符合下列规定：

① 两端能拆卸的螺栓中部宜加焊止水环，且止水环不宜采用圆形；

② 螺栓拆卸后混凝土壁面应留有 40～50 mm 深的锥形槽；

③ 在侧墙形成的螺栓锥形槽，应采用无收缩、易密实、具有足够强度、与侧墙混凝土颜色一致或接近的材料封堵，封堵完毕的穿墙螺栓孔不得有收缩裂缝和湿渍现象；

（6）跨度不小于 4 m 的现浇钢筋混凝土梁、板，其模板应按设计要求起拱设计无具体要求时，起拱度宜为跨度的 1/1000～3/1000；

（7）变形缝处的端面模板安装应符合下列规定：

① 变形缝止水带安装应牢固、线行平顺，位置准确；

② 止水带平面中心线应与变形中心线对正，嵌入混凝土结构端面的位置应符合设计要求；

③ 止水带和模板安装中，不得损伤带面，不得在止水带上穿孔或用铁钉固定就位；

④ 端面模板安装位置应正确，支撑牢固，无变形、松动、漏缝等现象。

（8）固定在模板上的预埋管、预埋件的安装必须牢固，位置准确；安装前应铁锈和油污，安装后应做标志。

支架安装应稳定、坚固，应能抵抗在施工过程中有可能发生的偶然冲撞和振动。支架在安装完毕后,应对其平面位置、顶部标高、节点连接及纵、横向稳定性进行全面检查,符合要求后,方可进行下一工序。

模板、支架的拆除期限应根据结构物特点、模板部位和混凝土所达到的强度等级来确定。预留孔道内模,应在混凝土强度能保证其表面不发生塌陷和裂缝现象时,方可拔除,拔除时间应通过试验确定,以混凝土强度达到 0.4～0.8 MPa 时为宜,抽拔时不应损伤结构混凝土。模板拆除与侧墙一致。如设计对拆除承重模板、支架另有规定时,应按照设计规定执行。拆除时的技术要求如下:

(1)模板拆除应按设计要求的顺序进行。设计无规定时,应遵循"先支后拆后支先拆"的顺序;先拆不承重的模板,后拆承重部分的模板。拆除时严禁将模板从高处向下抛扔;

(2)卸落支架应按拟定的卸落程序进行,分几个循环卸完,卸落量开始宜小,以后逐渐增大;在纵向应对称均衡卸落,在横向应同时一起卸落。自上而下,支架先拆侧向支撑,后拆竖向支撑;

(3)拆除模板,卸落支架时,不允许用猛烈地敲打和强扭等方法进行;不应对顶板形成冲击荷载;

(4)模板、支架拆除后,应维修整理,分类妥善存放。

2. 钢筋工程

钢筋连接方式应根据设计要求和施工条件选用。当钢筋采用机械锚固措施时应符合现行国家标准《混凝土结构设计规范(2015 版)》(GB 50010—2010)等的有关规定。

钢筋的接头宜设置在受力较小处。同一纵向受力钢筋不宜设置 2 个或 2 个以上的接头。接头末端至钢筋起点的距离不应小于钢筋公称直径的 10 倍。

钢筋机械连接应符合现行行业标准《钢筋机械连接技术规程》(JGJ 107—2016)的有关规定。机械连接接头的混凝土保护层厚度宜符合现行国家标准《混凝土结构计规范(2015 版)》(GB 50010—2010)中力钢筋最小保护厚度的规定,且不得小于 5 m 之间的横向净距不宜小于 25 mm。焊接连接应符合现行行业标准《钢筋焊接及验收规程》(JGJ18—2012)的有关规定。

当纵向受力钢筋采用机械连接接头或焊接接头时,设置在同一构件内的接头宜相互错开。纵向受力钢筋机械连接接头及焊接接头连接区段的长度应为 35d(d 为纵向受力钢筋的较大直径)且不应小于 500 mm,凡接头中点位于该连接区段长度内的接头均应属于同一连接区段。同一连接区段内,纵向受力钢筋接头面积百分率为该区段内有接头的纵向受力钢筋截面面积与全部纵向受力钢筋截面面积的比值。

同一连接区段内,纵向受力钢筋的接头面积百分率应符合下列规定:

(1)在受拉区不宜超过 50%;

(2)接头不宜设置在有抗震要求的箍筋加密区;当无法避开时,对等强度高质量机械连接接头,不应超过 50%;

(3)直接承受动力荷载的结构构件中,不宜采用焊接接头;当采用机械连接接头时,不应超过 50%。

同一构件中相邻纵向受力钢筋的绑扎搭接接头宜相互错开。绑扎搭接接头中钢筋的横向净距不应小于钢筋直径,且不应小于 25 mm。钢筋安装应采用定位件定钢筋的位置,并宜采用专用定位件。定位件应具有足够的承载力、刚度、稳定性和耐久性。定位件的数量、间距和固定方式应能保证钢筋的位置偏差,且应符合国家现行有关标准的规定。

钢筋安装过程中,设计未允许的部位不宜焊接。如因施工操作原因需对钢筋进行焊接时,焊接质量应符合现行行业标准《钢筋焊接及验收规程》(JGJ18—2012)的有关规定。

采用复合箍筋时,箍筋外围应封闭。当拉筋设置在复合箍筋内部不对称的边时,沿纵向受力钢筋方向的相邻复合箍筋应交错布置。钢筋安装应采取可靠措施防止钢筋受模板、模具内表面的脱模剂污染。本指南未明确处参照现行国家标准《混凝土结构工程施工规范》(GB 50666—2011)有关规定执行。

3. 混凝土浇筑与养护

浇筑混凝土前,应清除模板内或垫层上的杂物。表面干燥的地基、垫层、模板应洒水湿润;现场环境温度高于35℃时宜对金属模板进行洒水降温;洒水后不得留有积水。

混凝土浇筑应保证混凝土的均匀性和密实性。混凝土宜一次连续浇筑;当不能一次连续浇筑时,可留设施工缝或后浇带分块浇筑。凝土浇筑过程应分层进行,分层浇筑应符表4-29规定的分层振捣厚度要求,上层混凝土应在下层混凝土初凝之前浇筑完毕。混凝土运输、输送入模的过程宜连续进行,从运输到输送入模的延续时间不宜超过表4-30的规定,且不应超过表4-31的限值规定。掺早强型减水外加剂、早强剂的混凝土以及有特殊要求的混凝土,应根据设计及施工要求,通过试验确定允许时间。

表4-29 混凝土分层振捣的最大厚度

振捣方法	混凝土分层振捣最大厚度
振动棒	振动棒作用部分长度的1.25倍
表面振动器	200 mm
附着振动器	根据设置方式,通过实验确定

表4-30 运输到输送入模的延续时间(min)

条件	气温	
	≤25C	>25C
不掺外加剂	90	60
掺外加剂	150	120

表4-31 运输、输送入模及其时间间歇的时间限制(min)

条件	气温	
	≤25 ℃	>25 ℃
不掺外加剂	180	150
掺外加剂	240	210

混凝土浇筑的布料点宜接近浇筑位置,应采取减少混凝土下料冲击的措施,并应符合下列规定:

(1)宜先浇筑竖向结构构件,后浇筑水平结构构件;

(2)浇筑区域结构平面有高差时,宜先浇筑低区部分再浇筑高区部分。施工缝或后浇带处浇筑混凝土应符合下列规定:

① 结合面应采用粗糙面;结合面应清除浮浆、疏松石子、软弱混凝土层,并应清理干净;

② 结合面处应采用洒水方法进行充分湿润,并不得有积水;

③ 施工缝处已浇筑混凝土的强度不应小于 1.2 MPa;

④ 后浇带应在其两侧混凝土龄期达到 42 d 后再施工;

⑤ 后浇带混凝土强度等级及性能应符合设计要求;当设计无要求时,后浇带强度等级宜比两侧混凝土提高一级,并宜采用减少收缩的技术措施进行浇筑。

⑥ 后浇带混凝土的养护时间不得少于 28 d。

综合管廊混凝土浇筑应符合下列规定:

(1) 可留设施工缝分仓浇筑,分仓浇筑间隔时间不应少于 7 d。

(2) 当留设后浇带时,后浇带封闭时间不得少于 14 d。

(3) 管廊基础中调节沉降的后浇带,混凝土闭时间应通过监测确定,差异沉降应趋于稳定后再封闭后浇带。

(4) 后浇带的封闭时间尚应经设计单位认可。

混凝土浇筑后应及时进行保湿养护,保湿养护可采用洒水、覆盖、喷涂养护剂等方式。选择养护方式应考虑现场条件、环境温湿度、构件特点、技术要求施工操作等因素。

混凝土的养护时间应符合下列规定:

(1) 采用硅酸盐水泥、普通硅酸盐水泥或矿渣硅酸盐水泥配制的混凝土,不于 7 d;采用其他品种水泥时,养护时间应根据水泥性能确定。

(2) 采用缓凝型外加剂、大掺量矿物掺合料配制的混凝土,不应少于 14 d。

(3) 抗渗混凝土、强度等级 C60 及以上的混凝土,不应少于 14 d。

(4) 后浇带混凝土的养护时间不应少于 14 d。

(5) 基础大体积混凝土养护时间应根据施工方案确定。

洒水养护应符合下列规定:

(1) 洒水养护宜在混凝土裸露表面覆盖麻袋或草帘后进行,也可采用直接洒水、蓄水等养护方式;洒水养护应保证混凝土处于湿润状态。

(2) 当日最低温度低于 5℃时,不应采用洒水养护。

覆盖养护应符合下列规定:

(1) 覆盖养护宜在混凝土裸露表面覆盖塑料薄膜、塑料薄膜加麻袋、塑料薄膜加草帘进行。

(2) 塑料薄膜应紧贴混凝土裸露表面,塑料薄膜内应保持有凝结水。

(3) 覆盖物应严密,覆盖物的层效应按施工方案确定。

喷涂养护剂养护应符合下列规定:

(1) 应在混凝土裸露表面喷涂覆盖致密的养护剂进行养护。

(2) 养护剂应均匀喷涂在结构构件表面,不得漏喷;养护剂应具有可靠的保湿效果,保湿效果可通过试验检验。

(3) 养护剂使用方法应符合产品说明书的有关要求。

4. 止水带

止水带施工应符合下列规定:

(1) 保证止水带宽度和材质的物理性能符合设计要求,且无裂缝和气泡;接头采用热接,不重叠,接缝做到平整、牢固,不出现裂口和脱胶现象。

（2）止水带中心线和变形缝中心线保持重合。

（3）防水涂料涂刷前,先在基面上涂一层与涂料相容的基层处理剂。

（4）防水涂膜分多遍完成,每遍涂刷时交替改变涂层的涂刷方向,同层涂膜的先后搭接宽度控制在 30～50 mm。

（5）防水涂料的涂刷程序为:先涂刷转角处、穿墙管道、变形缝等部位,后进行大面积涂刷。

5. 防水防腐要求

防腐蚀工程所用的原材料,必须符合相关规范要求,并具有出厂合格证或检验资料。对原材料的质量有怀疑时,应进行复验。对施工配合比有要求的防腐蚀材料,其配合比应经试验确定,并不得任意改变。

设计要求,不应有起砂、起壳、裂缝、蜂窝麻面等现象。平整度应用 2 m 直尺检查,允许空隙不应大于 5 mm。当在水泥砂浆或混凝土基层表面进行块材铺砌施工时,基层的阴阳角应做成直角;进行其他种类防腐蚀施工时,基层的阴阳角应做成斜面或圆角。基层必须干燥,在深为 20 mm 的厚度层内含水率不应大于 6％。当设计对湿度有特殊要求时,应按设计要求进行施工。（注:当使用湿固化型环氧树胎固化剂施工时,基层的含水率可不受此限制但基层表面不得有浮水。）

基层表面必须洁净。防腐蚀施工前,应将基层表面的浮灰、水泥渣及疏松部位清理干净。基层表面的处理方法,宜采用砂轮或钢丝刷等打磨表面,然后用干净的软毛刷、压缩空气或吸尘器清理干净。当有条件时,可采用轻度喷砂法,使基层形成均匀粗糙面。已被油脂、化学药品污染的表面或改建、扩建工程中已被侵蚀的疏松基层应进行表面预处理,处理方法应符合下列规定:

（1）被油脂、化学药品污染的表面,可使用溶剂、洗涤剂、碱液洗涤或用火烤、蒸汽吹洗等方法处理,但不得损坏基层。

（2）被腐蚀介质侵蚀的疏松基层,必须凿除干净,用细石混凝土等填补,养护之后按新的基层进行处理。凡穿过防腐层的管道、套管、预留孔、预埋件,均应预先埋置或留设。

6. 质量验收

1）模板与支撑

（1）主控项目:

① 模板及支架用材料的技术指标应符合国家现行有关标准的规定。进场时应抽样检验模板和支架材料的外观、规格和尺寸。

检查数量:按国家现行有关标准的规定确定

检验方法:检查质量证明文件;观察,尺量。

② 现浇混凝土结构模板及支架的安装质量,应符合国家现行有关标准的规定和施工方案的要求。

检查数量:按国家现行有关标准的规定确定。

检验方法:按国家现行有关标准的规定执行。

③ 后浇带处的模板及支架应独立设置。

检查数量:全数检查。

检验方法:观察。

（2）一般项目：

模板安装应符合下列规定：

① 模板的接缝应严密；

② 模板内不应有杂物、积水或冰雪等；

③ 模板与混凝土的接触面应平整、清洁；

④ 用作模板的地坪、胎膜等应平整、清洁，不应有影响构件质量的下沉、裂缝、起砂或起鼓；

⑤ 对清水混凝土及装饰混凝土构件，应使用能达到设计效果的模板。

检查数量：全数检查。

检验方法：观察。

隔离剂的品种和涂刷方法应符合施工方案的要求。隔离剂不得影响结构能及装饰施工；不得沾污钢筋、预埋件和混凝土接槎处；不得对环境造成污染。

检查数量：全数检查。

检验方法：检查质量证明文件；观察。

2）钢筋工程

（1）主控项目：

① 钢筋进场时，应按国家现行相关标准的规定抽取试件作屈服强度、抗拉强度、伸长率、弯曲性能和重量偏差检验，检验结果必须符合相关标准的规定。

检查数量：按进场批次和产品的抽样检验方案确定。

检验方法：检查质量证明文件和抽样复验报告。

② 成型钢筋进场时，应抽取试件作屈服强度、抗拉强度、伸长率和重量偏验，检验结果必须符合相关标准的规定。

检查数量：同一厂家、同一类型、同一原材料来源的成型钢筋，不超过 30 t 为一批，每批中每种钢筋牌号、规格均应至少抽取 1 个钢筋试件，总数不应少于 3 个。

检验方法：检查质量证明文件和抽样复验报告。

③ 受力钢筋的牌号、规格、数量必须符合设计要求。

检查数量：全数检查。

检验方法：观察，尺量检查。

④ 对按一、二、三级抗震等级设计的框架和斜撑构件中的纵向受力通钢筋应采用 HRB335E、HRB400E、HRB500E、HRBF335E、HRBF4OOE 或 HRBF500E 钢筋，其强度和最大力下总伸长率的实测值应符合下列规定：

a. 钢筋的抗拉强度实测值与屈服强度实测值的比值不应小于 1.25；

b. 钢筋的屈服强度实测值与屈服强度标准值的比值不应大于 1.30；

c. 钢筋的最大力下总伸长率不应小于 9%。

检查数量：按进场的批次和产品的抽样检验方案确定

检查方法：检查抽样复验报告。

⑤ 筋弯折的弯弧内直径应符合下列规定：

a. 光圆钢筋，不应小于钢筋直径的 2.5 倍；

b. 335 MPa 级、400 MPa 级带肋钢筋，不应小于钢筋直径的 4 倍；

c. 500 MPa 级带肋钢筋,当直径为 28 mm 以下时不应小于钢筋直径的 6 倍,当直径为 28 mm 及以上时不应小于钢筋直径的 7 倍;

d. 箍筋弯折处尚不应小于纵向受力钢筋直径。

检查数量:按每工作班同一类型钢筋、同一加工设备抽查不应少于 3 件。

检验方法:尺量检查。

⑥ 纵向受力钢筋的弯折后平直段长度应符合设计要求。光圆钢筋末端做 180°弯钩时,弯钩的平直段长度不应小于钢筋直径的 3 倍。

检查数量:同一设备加工的同一类型钢筋,每工作班抽查不应少于 3 件。

检验方法:尺量检查。

⑦ 箍筋、拉筋的末端应按设计要求作弯钩,并应符合下列规定:

a. 对一般结构构件,箍筋弯钩的弯折角度不应小于 90°,弯折后平直段长不应小于箍筋直径的 5 倍;对有抗震设防要求或设计有专门要求的结构构件箍筋弯钩的弯折角度不应小于 135°,弯折后平直段长度不应小于箍筋直径的 10 倍;

b. 圆形箍筋的搭接长度不应小于其受拉锚固长度,且两末端均应作不小于 135°的弯钩,弯折后平直段长度对一般结构构件不应小于箍筋直径的 5 倍,对有抗震设防要求的结构构件不应小于箍筋直径的 10 倍;

c. 拉筋用作复合箍筋中单肢箍筋或腰筋间拉结筋时,两端弯钩的弯折角度小于 135°,弯折后平直段长度应符合第①条对箍筋的有关规定。

检查数量:按每工作班同一类型钢筋、同一加工设备抽查不应少于 3 件。

检验方法:尺量检查。

⑧ 钢筋的连接方式应符合设计要求。

检查数量:全数检查。

检验方法:观察检查。

⑨ 钢筋采用机械连接或焊接连接时,钢筋机械连接接头、焊接接头的力学性能、弯曲性能应符合国家现行有关标准的规定。接头试件应从工程实体中截取。

检查数量:按现行行业标准《钢筋机械连接技术规程》(JGJ107—2016)和《钢筋焊接及验收规程》(JGJ18—2012)的规定确定。

检验方法:检查质量证明文件和抽样检验报告。

⑩ 钢筋采用机械连接时,螺纹接头应检验拧紧扭矩值,挤压接头应量测压痕直径,检验结果应符合现行行业标准《钢筋机械连接技术规程》(JGJ107—2016)的相关规定。

检查数量:按现行行业标准《钢筋机械连接技术规程》(JGJ107—2016)的规定确定。

检验方法:采用专用扭力扳手或专用量规检查。

⑪ 钢筋应安装牢固。受力钢筋的安装位置、锚固方式应符合设计要求。

检查数量:全数检查。

检查方法:观察,尺量检查。

(2) 一般项目:

① 钢筋应平直、无损伤,表面不得有裂纹、油污、颗粒状或片状老锈。

检查数量:全数检查。

检验方法:观察检查。

② 成型钢筋的外观质量和尺寸偏差应符合国家现行有关标准的规定。

检查数量:同一厂家、同一类型的成型钢筋,不超过 30t 为一批,每批随机 3 个成型钢筋。

检验方法:观察,尺量检查。

③ 钢筋机械连接套筒、钢筋锚固板以及预埋件等的外观质量应符合国家现行有关标准的规定:

检查数量:按国家现行有关标准的规定确定。

检验方法:检查产品质量证明文件;观察,尺量检查。

④ 钢筋加工的形状、尺寸应符合设计要求,其偏差应符合表 4-32 的规定。

检查数量:按每工作班同一类型钢筋、同一加工设备抽查不应少于 3 件。

检验方法:尺量检查。

表 4-32　钢筋加工允许偏差

项　　　目	允许偏差(mm)
受力钢筋沿长度放心的净尺寸	±10
弯起钢筋的弯折位置	±20
箍筋外轮廓	±5

⑤ 钢筋接头的位置应符合设计和施工方案要求。有抗震设防要求的结构中,箍筋加密区范围内钢筋不应进行搭接。

检查数量:全数检查。

检验方法:观察检查。

⑥ 钢筋机械连接接头、焊接接头的外观质量应符合现行行业标准《钢筋机械连接技术规程》(JGJ107—2016)和《钢筋焊接及验收规程》(JGJ18—2012)的规定。

检查数量:按现行行业标准《钢筋机械连接技术规程》(JGJ107—2016)和《钢筋焊接及验收规程》(JGJ18—2012)的规定确定。

检查方法:观察,尺量检查。

⑦ 当纵向受力钢筋采用机械连接接头、焊接接头或搭接接头时,同一连接区段内纵向受力钢筋的接头面积百分率应符合设计要求;当设计无具体要求时应符合下列规定:

a. 受拉接头,不宜大于 50%;受压接头,可不受限制。

b. 直接承受动力荷载的结构构件中,不宜采用焊接;当采用机械连接时不应超过 50%。

检查数量:在同一检查批内,对梁、柱和独立基础,应抽查构件数量的,且不少于 3 件;对大空间结构,墙可按相邻轴线间高度 5 m 左右划分检查面板可按纵横轴线划分检查面,抽查 10%,且均不应少于 3 面。

检验方法:观察,尺量检查。

⑧ 钢筋安装位置的偏差应符合表 4-33 的规定,受力钢筋保护层厚度的合格率应达到 90% 及以上,且不得超过表中数值 1.5 倍的尺寸偏差。

检查数量:在同一检验批内,对梁、柱和独立基础,应抽查构件数量的 10%,且不少于 3 件;对大空间结构,墙可按相邻轴线间高度 5 m 左右划分检查面,板可按纵、横轴线划分检查面,抽查 10%,且均不少于 3 面。

表 4-33　钢筋安装允许偏差和检验方法

项　　目		允许偏差（mm）	检验方法
绑扎钢筋网	长、宽	±10	尺量
	网眼尺寸	±20	尺量连续三挡,取最大偏差值
绑扎钢筋骨架	长	±10	尺量
	宽、高	±5	尺量
纵向受力钢筋	锚固长度	-20	尺量
	间距	±10	尺量两端、中间各一点,取最大偏差值
	排距	±5	
纵向受力钢筋、箍筋的混凝土保护层厚度	基础	±10	尺量
	柱、梁	±5	尺量
	板、墙、壳	±3	尺量
绑扎箍筋、横向钢筋间距		±20	尺量连续三挡,去最大偏差值
钢筋弯起点位置		20	尺量
预埋件	中心线位置	5	尺量
	水平高差	+3,0	塞尺量测

注:检查中心线位置时,沿纵、横两个方向量测,并取其中偏差的较大值。

3）现浇混凝土

现浇混凝土应符合下列规定:

（1）主控项目:

① 现浇结构的外观质量不应有严重缺陷。对已经出现的严重缺陷,应由施工单位提出技术处理方案,并经监理单位认可后进行处理;对裂缝或连接部位的严重缺陷及其他影响结构安全的严重缺陷,技术处理方案尚应经设计单位认可。对经处理的部位应重新验收。

检查数量:全数检查。

检验方法:观察,检查处理记录。

② 现浇结构不应有影响结构性能或使用功能的尺寸偏差;混凝土设备基础不应有影响结构性能或设备安装的尺寸偏差。对超过尺寸允许偏差且影响结构性能或安装、使用功能的部位,应由施工单位提出技术处理方案,并经监理、设计单位认可后进行处理。对经处理的部位应重新验收。

检查数量:全数检查。

检验方法:量测;检查处理记录。

（2）一般项目:

① 现浇结构的外观质量不应有一般缺陷。对已经出现一般缺陷,应由施工单位按技术处理方案进行处理。对经处理的部位应重新验收检查数量:全数检查。检验方法:观察,检查处理记录。

② 现浇结构的位置和尺寸偏差及检验方法应符合现行标准《混凝土结构工程施工质量

验收规范》(GB 50204—2015)表 73.2 的规定。

4）施工缝、变形缝、后浇带

（1）主控项目：

① 施工缝、变形缝、后浇带的形式、位置、尺寸、所使用的原材料应符合设计要求。

检验数量：施工单位、监理单位全数检查。

检验方法：检查产品合格证、试验报告和观察。

② 后浇带的留置位置应在混凝土浇筑前按设计要求和施工技术方案确定。后浇带混凝土浇筑应按施工技术方案执行。

检验数量：施工单位、监理单位全数检查。

检验方法：观察，检查施工记录。

③ 施工缝、变形缝、后浇带的防水构造应符合设计要求。

检验数量：施工单位、监理单位全数检查。

检验方法：观察，检查隐蔽工程验收记录。

④ 后浇带用遇水膨胀止水条或止水胶、预埋注浆管、外贴式止水带必须符合设计要求。
检验方法：检查产品合格证、产品性能检测报告和材料进场检验报告。

⑤ 补偿收缩混凝土的原材料及配合比必须符合设计要求。

检验方法：检查产品合格证、产品性能检测报告、计量措施和材料进场检验。

⑥ 后浇带防水构造必须符合设计要求。

检验方法：观察检查和检查隐蔽工程验收记录。

⑦ 采用掺膨胀剂的补偿收缩混凝土，其抗压强度、抗渗性能和限制膨胀率必须符合设计要求。

检验方法：检查混凝土抗压强度、抗渗性能和水中养护 14d 后的限制膨胀率检测报告。

（2）一般项目：

① 变形缝填塞前，缝内应清扫干净，保持干燥，不得有杂物和积水。

检验数量：施工单位、监理单位全数检查。

检验方法：观察检查。

② 施工缝、变形缝的表面质量应达到缝宽均匀，变形缝应符合缝身竖直、环向贯通，填塞密实，表面光洁。

检验数量：施工单位、监理单位全数检查。

③ 后浇带的接头钢筋的连接应符合设计和施工规范的要求。

检验方法：观察检查。

检验数量：施工单位、监理单位全数检查。

④ 后浇带的混凝土浇筑前，后浇带内应清扫干净，保持干燥，不得有杂物和积水。

检验数量：施工单位、监理单位全数。

检查检验方法：观察检查。

▶ 4.6.3　案例示范（自主学习）

某现浇钢筋混凝土综合管廊施工案例，具体内容扫描二维码：

现浇钢筋混凝土
综合管廊施工案例

任务小结

现浇法是指综合管廊工程施工时,在开挖的基坑中进行综合管廊主体结构浇筑和防水施工,具有施工简便、安全、经济、质量易保证等诸多优点,广泛适用于多种地质条件下的综合管廊施工,但是其施工时占地面积大,对周围环境和交通影响较大,一般要求有比较开阔的作业场地。现浇钢筋混凝土综合管廊工程主要包含模板与支撑工程、混凝土工程。模板应按图加工、制作。混凝土浇筑前应检查混凝土送料单,核对混凝土配合比,确认混凝土强度等级,检查混凝土运输时间,测定混凝土坍落度,必要时还应测定混凝土扩展度,在确认无误后再进行混凝土浇筑。混凝土运输、输送、浇筑过程中严禁加水,混凝土运输、输送、浇筑过程中散落的混凝土严禁用于结构浇筑,并且混凝土应布料均衡,应对模板及支架进行观察和维护,发生异常情况应及时进行处理。混凝土浇筑和振捣应采取防止模板钢筋、钢构、预埋件及其定位件移位的措施。

课后任务及评定

1. 填空题

(1)混凝土浇筑前应检查_____,核对_____,确认_____,检查_____,测定_____,必要时还应测定_____。

(2)混凝土宜一次连续浇筑;当不能一次连续浇筑时,可留设_____或_____分块浇筑。

(3)后浇带混凝土强度等级及性能应_____,当设计无要求时,后浇带强度等级宜_____,并宜采用_____的技术措施进行浇筑。

(4)现浇结构的外观质量不应有严重缺陷。对已经出现的严重缺陷,应由施工单位提出技术处理方案,并经_____认可后进行处理;对裂缝或连接部位的严重缺陷及其他影响结构安全的严重缺陷,技术处理方案尚应经_____认可。

2. 简答题

(1)简述城市综合管廊现浇法施工优缺点。

(2)简述模板、支架拆除应满足那些要求。

(3)简述城市综合管廊工程现浇混凝土的养护时间应符合哪些要求。

(4)简述成型钢筋进场,抽取试件作屈服强度、抗拉强度、伸长率和重量偏验时,检查数量应符合哪些要求。

(5)简述当纵向受力钢筋采用机械连接接头、焊接接头或搭接接头时,同一连接区段内纵向受力钢筋的接头面积百分率应符合哪些要求。

任务 4.6

课后习题及答案

任务 4.7 预制拼装城市综合管廊施工

工作任务

掌握城市综合管廊预制拼装施工具体工作内容。

具体任务如下:

(1) 掌握城市综合管廊工程预制拼装施工工艺流程;

(2) 掌握城市综合管廊预制拼装施工要点;

(3) 掌握城市综合管廊工程预制拼装施工质量检测方法及要点。

工作途径

《城市综合管廊工程技术规范》(GB 50838—2015);

《混凝土结构耐久性设计规范》(GB/T 50476—2019);

《建筑工程抗震设防分类标准》(GB 50223—2008);

《城市综合管廊工程施工技术指南》。

任务单 4.7

成果检验

(1) 对照任务单完成课前预习、课中考核及分工协作,完成课后习题自测;

(2) 本任务采用学生线上自测及教师线下评价综合打分。

▌▶ 4.7.1 预制拼装技术概述

1. 发展概况

预制拼装综合管廊即将管廊结构拆分为若干预制管片,在预制工厂浇筑成型后,运至现场拼装。通过特殊的拼缝接头构造,使管廊形成整体,达到结构强度和防水性能等要求。

综合管廊现场浇筑法施工作业时间长、湿作业工作量大、需较长的混凝土养护时间。与现浇相比,预制拼装法则可大大缩短施工工期;预制拼装结构为工厂制作,浇筑质量好,采用高强混凝土可以节省混凝土、钢筋等材料;基坑暴露时间短,预先制作好以后,能有效缩短工期。但预制拼装结构整体性较现浇结构相对不足、运输量大、截面变化不宜太多。大型管廊体积质量大,运输安装需要大型运输和吊装设备,增加工程支出费用,这是影响预制装配化管廊应用的主要难点,如不能降低自重,一会增加大型管廊施工难度;二会加大工程成本,不利于预制装配化管廊的推广应用。因此预制截断拼装技术适用于截面尺寸适中的单舱或双舱综合管廊,三舱及以上的大尺寸截面大吨位综合管廊不宜整体预制。

整体式预制综合管廊因其形状简单,空间大,因而可以按地下空间要求改变宽和高,布置管线面积利用充分,但大尺寸管廊只适用于开槽明挖施工工法,限制了其使用范围。当前地下综合管廊大多需建在城市主干道下,大开槽施工对城市和居民生活影响太大,对新建道路影响较小,可结合道路一起施工,因此整体式预制综合管廊明挖技术适宜于新建道路下的综合管廊建设。

2．总体要求

预制装配整体式混凝土综合管廊(图 4 - 14)的结构设计使用年限应为 100 年,应根据设计使用年限和环境类别进行耐久性设计,并应符合现行国家标准《混凝土结构耐久性设计规范》(GB/T 50476—2019)的有关规定。预制装配整体式混凝土综合管廊工程应按乙类建筑物进行抗震设计,并满足现行国家标准《建筑工程抗震设防分类标准》(GB 50223—2008)的有关规定。预制装配整体式混凝土综合管廊的结构安全等级应为一级,结构中各类构件的安全等级宜与整个结构的安全等级相同。预制装配整体式混凝土综合管廊结构构件的裂缝控制等级为三级,结构构件的最大裂缝宽度限值不应大于 0.2 mm,且不得贯通。应进行防水设计,防水等级标准应为二级。预制装配整体式混凝土综合管廊的变形缝、施工缝和预制构件接缝等部位外露金属件应按不同环境类别进行封闭或防腐、防锈、防火处理,并应符合现行国家标准《混凝土结构耐久性设计规范》(GB/T 50476—2019)的有关规定。对埋设在设计抗浮水位以下的预制装配整体式混凝土综合管廊,应根据设计条件计算结构的抗浮稳定。设计时不应计入管廊内部管线和设备的自重,其他各项作用应取标准值,并应满足抗浮稳定性抗力系数不低于 1.05。

图 4 - 14 预制装配整体式混凝土综合管廊

如预制装配整体式混凝土综合管廊基坑回填时无法两侧同时进行,设计时应考虑单侧土压力引起的结构整体稳定(倾、滑移)问题。预制构件的连接部位宜设置在结构受力较小的部位,具体连接做法应符合现行行业标准《装配式混凝土结构技术规程》(JGJ 1—2014)的规定。

4.7.2 预制拼装施工

1．管廊预制

1）质量验收标准

施工质量验收标准可按照现行国家标准《混凝土结构工程施工质量验收规范》(GB 50204—2015)、《给水排水管道工程施工及验收规范》(GB 50268—2008)中的有关条款执行。防水密封及胶接材料,应符合《地下防水工程质量验收规范》(GB 50208—2011)的规定。对于胶接接头的接缝材料宜采用环氧树脂胶粘剂,应满足《工程结构加固材料安全性鉴定技术规范》(GB 50728—2011)中结构胶粘剂的有关检验与评定标准。

2）预制混凝土管廊制作工艺

本书主要介绍全断面预制拼装管廊节段的制作工艺,见图 4 - 15。

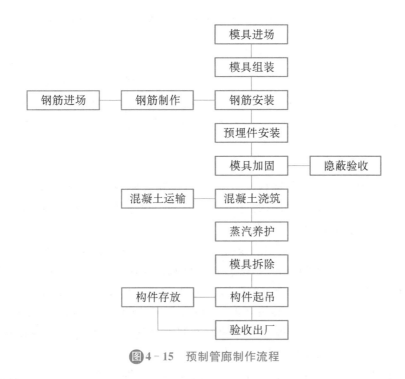

图 4-15 预制管廊制作流程

（1）钢筋加工及立模

钢筋的绑扎、焊接应符合《城市综合管廊工程技术规范》(GB 50838—2015)的规定。钢筋绑扎完毕后，垫上专用的保护层垫块，检查所有预埋件安装准确后，再进行内外侧模板装配。内外侧模板采用工厂订制的钢模，尺寸必须完全符合设计图纸各部位形状、尺寸要求，并具有足够的强度和刚度，在使用前必须涂刷脱模剂。

合模前应检查模具内外模四角、承插口四角无屈曲、变形情况，所有的定位、对拉卡具的位置安装准确。合模后必须再次检查模板间接缝的密封性，必要时可采用玻璃胶密封。

（2）混凝土浇筑

全面检查完钢筋、预埋件、模板等各项准备工作并批准后，方可浇筑混凝土。混凝土运输至现场后，先检查混凝土强度等级及坍落度满足要求后，进行泵送浇筑，采用分层浇筑方式，切不可单面浇筑过高。浇筑到模口位置时应减慢浇筑速度，充分振捣模口部分，并进行抹面处理。

采用附着式振捣器和插入式振捣器相结合的方法，确保混凝土振捣密实，并时刻派专人检查附着式振捣器与侧模间的拴接是否稳固。插入式振捣器应避免触及钢筋和模板，快插慢拔，严格控制振捣时间及振捣范围，特别注意钢筋密集处和模板各拐角处的振捣，以防漏振。安排专人控制下料位置，做到关键部位不缺料，以防出现空洞。混凝土初凝后，严禁开启附着式振动器，严禁再用插入式振捣器扰动模板、钢筋和预埋件。夏季施工时，应注意浇筑过程不宜拖得过长，结束后混凝土表面不宜失水过早。浇筑完成后，对洒落在模具和地面上的混凝土及时进行清理。

（3）养护

混凝土浇筑完成后，吊装蒸养罩，罩住模具，检查四周及底部是否有未压实部位。按照蒸养工艺进行蒸养,如发现有跑气现象,应及时修补蒸养罩。蒸养结束后,吊走蒸养罩,具备条件后模具开模。

(4)存放

当混凝土强度符合设计要求后,方可进行综合管廊预制节段的运输和吊装,如设计无具体要求时,不应低于设计强度的75%以上。存放管廊的场地必须经过硬化,设有排水设施,管廊底支点处用枕木支好,存放高度不超过两层,层与层之间应用枕木垫好。

2.吊装要求

1)总体要求

(1)土法施工用的滚动法装卸移动设备,滚杠的粗细要一致,应比托排宽度长50 cm,严禁戴手套填滚杠。装卸车时混边的坡度不得大于20°,滚道的搭设要平整、坚实,接头错开,滚动的速度不宜太快,必要时要用溜绳。

(2)在安装过程中,如发现问题应及时采取措施,处理后再继续起吊。

(3)用扒杆吊装大型塔类设备时,多台卷扬机联合操作,必须要求各卷扬机的卷扬速度大致相同,要保证塔体上各吊点受力大致趋于均匀,避免塔体受力不匀而变形。

(4)采用回转法或扳倒法吊装塔罐时,塔体底部安装的铰腕必须具有抵抗起吊过程中所产生水平推力的能力,起吊过程中塔体的左右溜绳必须牢靠,塔体回转就位高度时,使其慢慢落入基础,避免发生意外和变形。

(5)在架体上或建筑物上安装设备时,其强度和稳定性要达到安装条件的要求。在设备安装定位后要按图纸的要求连接紧固或焊接,满足了设计要求的强度和具有稳固性后,才能脱钩,否则要进行临时固定。

2)吊装前作业的要求

(1)检查各安全保护装置和指示仪表应齐全。

(2)燃油、润滑油、液压油及冷却水应添加充足。

(3)开动油泵前,先使发动机低速运转一段时间。

(4)检查钢丝绳及连接部位应符合规定。

(5)检查液压是否正常。

(6)检查轮胎气压及各连接件应无松动。

(7)调节支腿,调整机体使回转支承面的倾斜度,在无载荷时不大于1/1000(水准泡居中)。

(8)充分检查工作地点的地面条件。工作地点地面必须具备能将吊车呈水平状态,并能充分承受作用于支腿的力矩条件。

(9)注意地基是否松软,如较松软,必须给支腿垫好能承载的木板或土块。

(10)应预先调查地下埋设物,在埋设物附近放置安全标牌,以引起注意。

(11)确认所吊重物的重量和重心位置,以防超载。

(12)根据起重作业曲线,确定工作台半径和额定总起重量,即调整臂杆长度和臂杆的角度,使之安全作业。

(13)应确认提升高度。根据吊车的机型,能把吊钩提升的高度都有具体规定。

(14)应预先估计绑绳套用钢丝绳的高度和起吊货物的高度所需的余量,否则不能把货物提升到所需的高度。

3）吊装安全要求

（1）起升或下降：

① 严格按载荷表的规定，禁止超载，禁止超过额定力矩。在吊车作业中绝不能断开全自动超重防止装置（ACS系统），禁止从臂杆前方或侧面拖曳载荷，禁止从驾驶室前方吊货。

② 操纵中不准猛力推拉操纵杆，开始起升前，检查离合器杆必须处于断开位置上。

③ 自由降落作业只能在下降吊钩时或所吊载荷小于许用荷载的30%时使禁止在自由下落中紧急制动。

④ 当起吊载荷要悬挂停留较长时间时，应该锁住卷筒鼓轮。但在下降货物时禁止锁住鼓轮。

⑤ 在起重作业时要注意鸣号警告。

⑥ 在起重作业范围内除信号员外其他人不得进入。

⑦ 在起重作业时，要避免触电事故，臂杆顶部与线路中心的安全距离为：6.6 KV 为 3 m；66 KV 为 5 m；275 KV 为 10 m。

⑧ 若两台吊车共同起吊一货物时，必须有专人统一指挥，两台吊车性能重度应相同，各自分担的载荷值，应小于一台吊车的额定总起重量的80%；其重物的重量不得超过两机起重总和的75%。

（2）回转

① 回转作业时，不要紧急停转，以防吊物剧烈摆动发生危险。

② 回转中司机要注意机上是否有人或后边有无障碍危险。

③ 不回转时将回转制动锁住。

（3）起重臂伸缩臂杆

① 不得带载伸臂杆。

② 伸缩臂杆时，应保持吊臂前滑轮组与吊钩之间有一定距离。起重臂外伸时，吊钩应尽量低。

③ 主副臂杆全部伸出，臂角不得小于使用说明书规定的最小角度，否则整机将倾覆。

（4）带载行走

轮胎式吊车需要带载行走时，道路必须平坦坚实，载荷必须符合原厂规定。重物离地高度不得超过50 cm，并拴好拉绳，缓慢行驶，严禁长距离带载行驶。

（5）起吊作业停止后注意事项

① 完全缩回起重臂，并放在支架上，将吊钩按规定固定好，制动回转台。

② 应按规定顺序收回支腿并固定好。

③ 将吊车开回停车场位置上。

4）吊装人员安全要求

（1）进入工地的工作人员必须佩戴安全帽。

（2）吊车进入吊装状态吊臂下不准工作人员停留。

（3）立柱吊装完毕，操作员未完全紧闭地脚螺栓螺母时立柱不得与吊车脱离。

（4）工作人员在攀登高空，实施高空作业时必须佩戴安全带同时使用安全绳以防产生意外。

（5）构件安装安全措施：

① 严格检查吊车吊装构件。

② 严格检查立柱吊点构件。

③ 严格检查牌面钢结构吊点构件,对有问题的吊点构件进行加固确保吊点不留在安全隐患处。

(6) 构件吊装工作人员安全措施

牌面吊装、吊点定在大梁端及牌面夹角,使吊车在起吊时牌面尽可能处于平衡状态,牌面吊离地面升高到立柱上端后旋转牌面使牌面支撑立柱与立柱上端垂直落吊对位,此时需操作员辅助执行操作,员工1~3人佩戴保险带攀登至立柱对位连接点先扣紧固定保险带与牌面大梁,随后使用撬棍顺力对位,对位准确指挥及时落吊,平稳落吊到位,高空焊接人员开始焊接。高空焊接人员在作业时随佩带保险绳,保险带必须与牌面钢结构构件连接牢固,连接点焊接牢固允许吊车撤离:

① 明确各级施工人员安全生产责任,各级施工管理人员要确定自己的安全责任目标,实行项目经理责任制,实行安全一票否决制。

② 起吊工具应牢固可靠,选用质量合格的工具。做好试吊工作,经确认无问题后方准吊装。进入工地必须戴安全帽,高处作业必须系安全带。

③ 吊装散状物品,必须捆绑牢固,并保持平衡,方可起吊。

④ 非机电人员严禁动用机电设备。

⑤ 坚持安全消防检查制度,发现隐患及时消除,防止工伤、火灾事故发生。

3. 标准件安装连接

(1) 施工准备

应编制适合该体系的施工方案,安装工程应与水、电等工程密切配合,组织立体交叉施工。安装前的准备工作应符合下列要求:

① 检查部品型号、数量及部品的质量;

② 按设计要求检查连接钢筋,其位置偏移量不得大于±10 mm。并将所有连接钢筋等调整扶直,消除表面浮浆;

③ 叠合式侧壁及叠合式顶板的预制构件安装表面应清理干净。

(2) 施工安装

预制管廊构件吊装时的混凝土强度,当设计无具体要求时,不得低于同条件养护的混凝土设计强度等级值的75%。

安装工程的抄平放线应符合下列要求:

① 预制管廊构件安装放线遵循先整体后局部的程序;

② 定位放线,使用全站仪(经纬仪)利用建(构)筑物的外角基准点放出建(构)筑物轴线。待轴线复核无误后,作为基准线;

③ 在垫层上应用水准仪通过高程控制点放出高程控制线;

④ 在底板上放出预制管廊构件安装控制线及轮廓线;

⑤ 通过高程控制线控制支撑顶标高,从而控制预制顶板标高。

预制管廊构件的安装应符合下列要求:

① 叠合式侧壁预制构件安装前就位处必须设找平垫块;

② 叠合式侧壁纵筋的搭接长度应满足设计要求;

③ 叠合式顶板预制构件安装前,叠合式顶板预制构件定位后严禁撬动,调整标高时,用支撑调节器进行调整;

④ 预制管廊构件吊装时,起吊就位应垂直平稳,吊索与水平线的夹角不宜小于 60°,下落时缓慢就位。

后浇带部分及叠合部分的混凝土浇筑应符合下列要求:

① 混凝土浇筑前,基层表面必须清理干净,后浇带内的空腔应用大功率吸尘器进行清理,在混凝土浇筑之前基层及后浇带内必须用水充分湿润;

② 现浇混凝土部分的钢筋锚固及钢筋连接应满足设计要求;

③ 后浇带部分及叠合部分的混凝土模板应采用工具式的组合钢模板。

叠合式侧壁支撑的设置应符合下列要求:

① 斜支撑件型号和支撑间距需由计算确定,但每块叠合式侧壁的支撑不得少于两个;

② 斜支撑点与叠合式侧壁连接位置设置于墙体高度 2/3 处;

③ 斜支撑与水平线夹角宜在 55~65° 之间。

叠合式顶板预制构件支撑的设计应符合下列要求:

① 安装叠合式顶板预制构件前,须架设支撑于具有承载能力的底板上;

② 最大支撑柱距应根据计算给出的安装支撑柱间距进行布置,每块叠合式顶板预制构件的支撑不得少于 4 个。

在常温下后浇部分混凝土浇筑 12 h 后,应浇水湿润养护 3 d。并对后浇部分的混凝土有保水养护措施。

叠合式侧壁的施工工艺流程如下:抄平放线→按墙下标高找平控制垫块→安装叠合式侧壁预制构件→安装斜撑→通过斜撑校核墙体轴线及垂直度→墙体后浇带钢筋绑扎→墙体后浇带支模→墙底用混凝土封堵→浇筑混凝土。

依据图纸在底板顶部放出每块叠合式侧壁的具体位置线,并进行有效的复核。检查底板竖向钢筋预留位置应符合标准,其位置偏移量不得大于 ±10 mm。如有偏差需按 1∶6 要求先进行冷弯校正,应比两片墙板中间净空尺寸小 20 mm 为宜,并调正扶直,清除浮浆。叠合式侧壁下部预留安装缝,安装缝宽度不小于 20 mm,采用专用垫块控制安装缝宽度。叠合式侧壁吊装就位:

① 对车上插放式及靠放式的叠合式侧壁预制构件可以进行起吊;

② 平放式叠合式侧壁预制构件直接在车上进行起吊时,要注意墙板上角和下角的保护;

③ 应按照安装图纸和事先制定好的安装顺序进行吊装,原则上宜从离吊车或者塔吊最远的叠合式侧壁预制构件开始:吊装叠合式侧壁预制构件时,采用两点起吊,就位应垂直平稳,吊具绳与水平面夹角不宜小于 60°,吊钩应采用弹簧防开钩;起吊时,应通过采用缓冲块(橡胶垫)来保护叠合式侧壁预制构件下边缘角部不至于损伤;起吊后要小心缓慢地将墙板放置于垫片之上,调整水平度和垂直度。

安装固定叠合式侧壁斜支撑施工应符合下列要求:

① 每块叠合式侧壁不少于两个斜支撑来固定,斜撑上部通过专用螺栓与叠合式侧壁预制构件上部 2/3 高度处预埋的连接件连接,斜支撑底部与底板用膨胀螺栓进行锚固;支撑与底板的夹角在 40°~50° 之间;

② 安装过程中,必须在确保两个斜支撑安装牢固后方可解除叠合式侧壁预制构件上的吊车吊钩。叠合式侧壁预制构件上部支撑起到固定的作用,底部支撑起到调整垂直度的作用,两根斜支撑的长短通过支撑上的调节器来调整,每块叠合式侧壁预制构件都按此程序进行安装叠合式侧壁安装就位后,进行配套管线连接或敷设,完成后进行叠合式侧壁拼缝处连接钢筋安装。

连接钢筋先安放在先安装的叠合式侧壁中,待相邻叠合式侧壁安装就位后调整连接钢筋位置并绑扎,安装施工完毕后,要有专业质检人员对叠合式侧壁各部位施工质量进行全面检查,符合本标准要求后,方可进行下道工序施工。

叠合式侧壁浇筑混凝土施工应符合下列要求:

① 混凝土浇筑前,叠合式侧壁构件内部空腔必须清理干净,在混凝土浇筑之前叠合式侧壁预制构件内表面必须用水充分湿润。

② 混凝土强度等级应符合设计要求,当墙体厚度小于 250 mm 时墙体内现浇混凝土宜采用细石自密实混凝土施工,同时宜掺入膨胀剂。浇筑时,保持水平向上分层连续浇筑,浇筑高度不宜超过 800 m,浇筑速度每小时不宜超过 80 mm 否则需重新验算模板压力及格构钢筋之间的距离,确保墙板的刚度。

③ 当墙体厚度小于 250 m 时,混凝土振捣应选用 ϕ30 mm 以下微型振捣棒。叠合式顶板施工工艺流程如下:按线支设叠合式顶板下钢支撑→叠合式顶板安装→安放、绑扎叠合式顶板上层钢筋→预埋线管连接→支设叠合式顶板腋角模板→浇筑叠合式顶板现浇层混凝土。叠合式顶板预制构件应采用工具式吊架进行吊装。

叠合式顶板预制构件的安装应符合下列要求:

① 叠合式顶板预制构件安装前,应在板底设置支撑,预制构件就位后严禁撬动,用支撑上的调节器调整预制顶板标高。

② 吊装叠合式顶板预制构件时,起吊就位应垂直平稳。

叠合式顶板的附加钢筋工程及配套管线敷设:

① 叠合式顶板上层配筋必须严格根据已有的施工图进行布筋,格构钢筋可作支撑上层布筋之用;

② 叠合式顶板中敷设管线,正穿时可采用刚性管线,斜穿时由于格构钢筋的影响,宜采用柔韧性较好的材料。由于格构钢筋间距有限,应尽量避免多根管线集束预埋,尽量采用直径较小的管线,分散穿孔预埋。

叠合式顶板浇筑混凝土前须检查下列项目:

① 叠合式顶板必须按规定设置支撑并按图纸正确放置。

② 附加配筋和管线应布设安装到位。

混凝土浇筑前,叠合式顶板表面的污物应清除,在混凝土浇筑之前叠合式顶板预制构件的表面必须用水充分湿润。在常温下叠合式顶板混凝土浇灌 2 h 内对混凝土加以覆盖层并保湿养护,或选用涂膜保水剂。对接缝必须用相应的专业填料密闭,叠合式顶板构件的下表面应平整光滑。叠合式顶板预制构件安装后,应进行隐蔽工程的验收(包括焊接质量及锚筋的尺寸、规格、数量、位置以及各种管线、盒等装置的检查,构件表面污物的清理等)并做好验收记录。叠合式顶板中现浇混凝土强度等级必须符合设计要求。用于检查结构构件中混凝土强度的试件,应在混凝土浇筑地点随机抽取,取样与试件留置应符合现行国家标准《混凝土结构工程施工质量验收规范》(GB 50204—2015)的规定。现浇混凝土达到设计强度75%以上后,方可拆除支撑。

4. 质量验收

1) 一般要求

施工单位应具备相应的资质条件的施工质量管理和质量保证体系。质量验收按断面类型,结构或施工段划分检验批。在同一检验批内,应抽查部品数量的10%;且不应少于3件。进入现场的部品,其强度等级、外观质量、尺寸偏差及结构性能应符合设计要求或现行国家标准的有关规定。当室外日平均气温低于±5 ℃时,如需进行部品的安装施工,应符合现行国家标准《建筑工程冬期施工规程》(JGJ/T 104—2011)的有关规定。其他未尽事均应合各相关专业的验收规范。

2) 构件制作中验收

材料进场首先检查材料合格证,并对材料进行二次复试检验。预制管廊构件加工过程中实行监理旁站监督。预制管廊构件出厂前质量验收应满足如下要求:

(1) 预制管廊构件观感质量检验应满足要求;

(2) 预制管廊构件尺寸及其误差应满足要求;

(3) 预制管廊构件间结合构造应满足要求;

(4) 吊装、安装预埋件的位置应准确;

(5) 叠合式顶板叠合面处理应符合要求。

3) 质量验收

(1) 主控项目:

① 预制管廊构件外观、性能应满足设计要求。

检查数量:全数检查。

检验方法:查看构件出厂合格证、附构件出厂混凝土同条件抗压强度报告。

② 预制管廊构件进场检查构件标识应准确、齐全。

a. 型号标识:类别、混凝土强度等级、尺寸。

b. 安装标识:构件位置。

c. 成品保护措施应满足要求:

检查数量:全数检查。

检验方法:观察、尺量检查

③ 预制管廊构件质量验收应满足如下要求:

a. 预制管廊构件观感质量检验应满足要求。

b. 预制管廊构件尺寸及其误差应满足要求。

c. 预制管廊构件间结合构造应满足要求。

d. 吊装、安装预埋件的位置应准确。

检查数量:全数检查。

检验方法:观察、尺量;查看质量检测报告。

④ 叠合面处理应符合要求。

检查数量:全数检查。

检验方法:观察、尺量;查看质量检测报告。

（2）一般项目：

① 预制构件的尺寸偏差及检验方法应符合表 4 - 34 的规定；设计有专门规定时，尚应符合设计要求。

表 4 - 34　预制构件尺寸的允许偏差

检查项目		允许偏差	检查数量		检验方法
			范围	数量	
长度	板	+10,5	每构件	2	尺寸
	墙	±5			
宽度、高度		±5			钢尺量一端及中部，取较大值
侧向弯曲	板	$L/750$ 且 ≤20			拉线、钢尺量最大侧向弯曲处
	墙	$L/1000$ 且 ≤20			
表面平整度		5	每构件	2	2 m 靠尺和塞尺量
对角线	楼板	10			尺量两个对角线
	墙板	5			
预留孔	中心线位置	5	每处	1	尺量
	孔尺寸	±5			
预留洞	中心线位置	10			尺量
	洞口尺寸、深度	±10			
预埋件	预埋板中心线位置	5			尺量
	预埋板与混凝土面平面高差	0,5			
	预埋螺栓	2			
	预埋螺栓外露长度	+10,-5			
	预埋套筒、螺母中心线位置	2			
	预埋套筒、螺母与混凝土面平面高差	±5			
预埋插筋	中心线位置	5	每处	1	尺量
	外露长度	+10,-5			
键槽	中心线位置	5			尺量
	长度、宽度	±5			
	深度	±10			

检查数量：同一类型的构件，不超过 100 件为一批，每批应抽查构件数量的 5%，且不应少于 3 件。

② 预制管廊构件的允许偏差和检验方法应符合表 4 - 35 的规定。

表 4-35 构件安装允许偏差和检验方法

项 目		允许偏差(mm)	检验方法
叠合式侧壁	中心线对定位轴线的位置	5	钢尺测量
	垂直度	5	经纬仪或吊线、钢尺检查
	全局垂直度		
	墙板拼缝高度	±10	钢尺检查
叠合式顶板	平整度	10	2 m靠尺和塞尺量测
	标高	±10	水准仪或拉线、钢尺检查

▶ 4.7.3 案例示范(自主学习)

某预制拼装综合管廊明挖法施工案例,具体内容扫描二维码:

预制拼装综合管廊施工案例

任务小结

与传统现浇技术比较,预制装配式综合管廊具有以下优势:以预制构件为主体的管廊结构,降低了材料消耗,具有优异的整体质量,抗腐蚀能力强,使用寿命长,可实现标准化、工厂化、批量化预制件生产,不受自然环境影响,充分保证管廊结构尺寸的准确性,保证管廊安装的准确性,充分保证主体质量,减少施工周转材料、提高生产效率、节能环保。预制装配式综合管廊是综合管廊建设领域技术进步的一个方向。

课后任务及评定

1. 名词解释

(1) 预制拼装综合管廊:

(2) ACS 系统:

2. 填空题

(1) 在常温下后浇部分混凝土浇筑_____后,应浇水湿润养护_____,并对后浇部分的混凝土有保水养护措施。

(2) 叠合式侧壁浇筑混凝土浇筑前,叠合式侧壁构件内部空腔必须_____,在混凝土浇筑之前叠合式侧壁预制构件内表面必须_____,当墙体厚度小于_____时墙体内现浇混凝土宜采用细石自密实混凝土施工,同时宜掺入膨胀剂。

(3) 如预制装配整体式混凝土综合管廊基坑回填时无法两侧同时进行,设计时应考虑单侧土压力引起的_____。

3. 简答题

(1) 简述预制拼装综合管廊施工与浇筑法施工相比具有哪些优缺点。

(2) 简述轮胎式吊车带载行走时,需要满足那些要求。

(3) 简述后浇带部分及叠合部分的混凝土浇筑应符合哪些要求。

(4) 简述预制管廊构件出厂前质量验收应满足哪些要求。

任务 4.7

课后习题及答案

任务 4.8　城市综合管廊附属设施施工

工作任务

掌握城市综合管廊附属设施施工具体工作内容。

具体任务如下：

(1) 了解城市综合管廊工程附属设施内容及施工相关规范；

(2) 掌握城市综合管廊工程附属设施施工要点；

(3) 掌握城市综合管廊工程附属设施施工质量检测方法及要点。

工作途径

《城市综合管廊工程技术规范》(GB 50838—2015)；

《城市综合管廊工程施工技术指南》；

扫描本教程教学资源库二维码。

成果检验

(1) 对照任务单,扫描二维码自主学习城市综合管附属设施施工相关知识；

(2) 本任务不做考核。

城市综合管廊附属设施施工相关知识,具体内容扫描二维码：

城市综合管廊附属
设施施工相关知识

拓展阅读

　　BIM 作为更先进的工程建造领域的革命性理念,可以将管廊和管线综合,通过可逆的模拟完整表现出来,直观地发现碰撞点,实时修改,并根据需要反映局部断面信息。随着虚拟可视化技术的推广,使得传统技术难以解决的复杂结构施工艺的重难点问题,很容易得到解决。虚拟施工技术利用虚拟现实技术构造了一个可视化的施工环境,将 3D 模型和进度计划、工程量以及造价等信息关联并进行施工过程模拟,尤其是对重点复杂区域的施工工艺进行模拟,检查施工方案的不合理之处,最终确定最优施工方案。BIM 技术在城市综合管廊工程建设阶段的具体应用扫描二维码:

BIM 技术在城市综合管廊施工阶段应用

项目 5　城市综合管廊运营维护管理

项目导读

　　早在 2015 年,国务院办公厅印发的《关于推进城市地下综合管廊建设的指导意见》中就指出:到 2020 年将建成一批具有国际先进水平的地下综合管廊并投入运营。随着国家的大力推广,城市综合管廊建设不断加速,大批次的综合管廊陆续建成投用。然而,因为缺乏良好的运营维护管理机制,运营费用意见不统一等原因,管线单位入廊积极性并不高,综合管廊建成后空置率较高,附属设施设备缺乏维护,陈旧老化,造成管廊使用功能大幅降低,使用寿命缩短。因此,为确保城市综合管廊的可持续健康发展,科学合理的综合管廊运营维护变得越来越重要。

　　本项目从国内外城市综合管廊运营维护管理现状开始,逐步介绍城市综合管廊运营维护管理模式的分类以及城市综合廊运营维护管理具体工作。

学习目标

　　1. 了解国内外城市综合管廊运营维护管理现状及模式;
　　2. 掌握我国城市综合管廊的运营维护管理模式的分类及适用性;
　　3. 掌握我国城市综合廊运营维护管理具体工作流程及内容。

任务 5.1　国内外城市综合管廊运营维护管理概述

工作任务

　　了解国内外城市综合管廊的运维现状,掌握城市综合管廊运维模式。
　　具体任务如下:
　　(1) 结合国内城市综合管廊的运维案例,了解城市综合管廊运维现状;
　　(2) 了解城市综合管廊运维的重要性;
　　(3) 掌握城市综合管廊运营维护管理模式的分类、特点及适用性。

工作途径

　　《江苏省城市地下综合管廊建设指南》;
　　《国务院办公厅关于推进城市地下综合管廊建设的指导意见》(国办发〔2015〕61 号)。

任务单 5.1

成果检验

（1）对照任务单，分组讨论不同运营管理模式特点及适用性并完成习题自测；

（2）本任务采用学生自测、互评及教师评价综合打分。

5.1.1　综合管廊运营维护管理的重要性

综合管廊是保证城市运行的重要基础设施，其建设和正常运维的重要性不言而喻。然而，因为缺乏良好的运营维护管理机制，运营费用意见不统一等原因，管线单位入廊积极性并不高，以致综合管廊建成后空置率较高，附属设施设备缺乏维护，陈旧老化，造成管廊使用功能大幅降低，使用寿命缩短。因此，为确保城市管廊的可持续健康发展，应从以下五方面充分认识管廊运营维护管理的重要性：

（1）提高使用效率

建设综合管廊的目的就是为了集中容纳各类公用管线，因此空间资源就是管廊向用户提供的唯一产品。管廊内的预留管位、线缆支架、管线预留孔都是不可再生的宝贵资源。但在实际管线数布设过程中，由于管线分期入廊、管线路径规划不合理、施工人员贪图作业便利等原因，不加以统筹控制，不严格执行设计要求，容易造成空间资源的浪费。

（2）控制运行风险

综合管廊运行过程中面临着许多风险，都会对管廊自身及廊内管线造成危害，控制和降低风险的发生是做好综合管廊运营工作的主要作用。存在的主要风险如下：

① 地质结构不稳定的风险：较高的地下水位或软基土层会造成管廊结构的不均匀沉降和位移；

② 周边建设工程带来的风险：周边地块进行桩基工程引发土层扰动也会造成管廊结构断裂、漏水等现象以及钻探、顶进、爆破等对管廊的破坏；

③ 管廊内作业带来的风险：廊内动火作业对弱电系统造成损坏等，大件设备的搬运对管线的碰撞等；

④ 管线故障的风险：电力电缆头爆炸引发火灾，水管爆管引发水灾；

⑤ 自有设备故障的风险：供电系统故障引发停电，报警设备故障使管廊失去监护，排水设备故障导致廊内积水无法排出等；

⑥ 人为破坏的风险：偷盗，入侵，排放、倾倒腐蚀性液体、气体；

⑦ 交通事故的风险：主要对路面的投料口、通风口等造成损坏；

⑧ 自然灾害的风险：综合管廊相对于直埋管线有较好的抗灾性，但地震、降雨等灾害仍具有危害性。

（3）维护内部环境

内外温差较大时的凝露现象或沟内积水会造成内部湿度较大，进而影响管线和自有设备的安全运行和使用寿命；廊内堆放杂物会产生有害气体或招来老鼠。

（4）维持正常秩序

管廊内部的公用管线较多，管线敷设和日常维护时的交叉作业就越多，作业人员不仅互相争夺地面出入口节水节电等资源，而且对其他管线的安全存在造成威胁，因此做好管廊空间分配，出入口控制，成品保护，环境保护作业安全管理等秩序管理工作意义重大。

（5）保证资金来源

有偿使用、政府补贴的管廊政策，事先需要做好入廊费与日常维护费用收费标准的测算，事中需要与各管线单位签订有偿使用协议，事后需要对收取的费用进行核算与入库。另外，在管廊运营过程中不仅需要解决管线、管廊的维修技术问题，还需要花费大量时间和精力做好与管线单位的沟通、协调、解释工作。

▮▶ 5.1.2 国内外综合管廊运营维护管理的现状

1. 国外综合管廊运营维护管理现状

（1）法国、英国等欧洲国家综合管廊运营维护管理现状

综合管廊最早起源于欧洲。由于法国、英国等欧洲国家政府财力比较强，综合管廊被视为由政府提供的公共产品，其建设费用由政府承担，以出租的形式提供给入廊的各市政管线单位，以实现投资的部分回收及运行管理费用的筹措。至于其出租价格，并没有统一规定，而是由市议会讨论并表决确定当年的出租价格，可根据实际情况逐年调整变动。这一分摊方法基本体现了欧洲国家对于公共产品的定价思路，充分发挥民主表决机制来决定公共产品的价格，类似于道路、桥梁等其他公共设施。欧洲国家的相关法律规定一旦建设有城市综合管廊，相关管线单位必须通过管廊来敷设相应的管线，而不得再采用传统的直埋方式。其运行管理模式常规是成立专门的管理公司，承担综合管廊及廊内管线全部管理责任。这种体制是欧洲国家采取的通常模式，必须具备较完善的法律体系保障，在我国目前的体制和社会条件下还不具备完全参照的条件。

（2）日本综合管廊运营维护管理现状

日本 1963 年颁布了《综合管廊实施法》，成为第一个在该领域立法的国家；1991 年成立了专门的综合管廊管理部门，负责推动综合管廊的建设和管理工作。日本《共同沟法》规定，综合管廊的建设费用由道路管理者与管线建设者共同承担，各级政府可以获得政策性贷款的支持以支付建设费用。综合管廊建成后的维护管理工作由道路管理者和管线单位共同负责。综合管廊主体的维护管理可由道路管理者独自承担，也可与管线单位组成的联合体共同负责维护。综合管廊中的管线维护则由管线投资方自行负责。这种模式更接近于国内目前采取的方式。

2. 国内综合管廊运营维护管理现状

（1）广州大学城综合管廊运营维护管理现状

广州大学城综合管廊项目建设一开始就采取建设和运营管理分开的思路，依照"统一规划、统一建设、统一管理、有偿使用"的原则，探索"政府投资、企业租用"的运作模式，由管线单位支付管线占位费，使城市地下空间得到了充分的开发与利用。广州大学城组建了广州大学城投资经营管理有限公司和能源利用公司，主要负责对建成后的综合管廊及管线进行运营管理，其经营范围和价格受政府的严格监管。

为合理补偿综合管廊工程部分建设费用和日常维护费用，广州大学城投资经营管理公司报广州市物价局批准，可以对入廊的各管线单位收取相应费用。综合管廊入廊费收取标准参照各管线直埋成本的原则确定，对进驻综合管廊的管线单位一次性收取的入廊费按实际铺设长度计取；综合管廊日常维护费根据各类管线设计截面空间比例，由各管线单位合理分摊的原则确定，见表 5-1。广州大学城的综合管廊运营在政府政策方面有了收费权的保

障,为其后期运营管理打下了良好的政策基础,在国内综合管廊的管理运营方面走在了前列。从其经验来看,运营管理好综合管廊,几个关键因素非常重要:一是对综合管廊的产权归属有相应的法律保障,明确了"谁投资、谁拥有、谁受益"的原则;二是政府政策的支持,对于收费标准和收费权等影响到综合管廊投资建设运营具有决定性意义的政策,物价部门必须果断予以明确;三是财政资金的支持,综合管廊是准公益性的城市基础设施,不能仅仅以投资回报的角度和标准去衡量其投资建设运营是否成功,对于投资回报不足部分和运营维护成本,应当由财政进行补贴。

表 5-1　综合管廊日常维护费用收费标准

管线	饮用净水	供电	通信	杂用水	供热水	通信光缆
截面空间比例/%	12.70	35.45	25.40	10.58	15.87	每根(现行)
收费金额/(万元/每年)	31.98	89.27	63.96	26.64	39.96	12.79

（2）上海市综合管廊运营维护管理现状

上海市张杨路综合管廊和世博综合管廊均由政府投资建设,委托浦东新区环保局下属单位—浦东新区公用事业管理署进行日常管理和运营监管。区公用事业管理署以三年为期,公开招标选定运营管理单位,并每季度对其进行考核。为合理确定综合管廊的日常维护标准和费用标准,上海市城乡建设和管理委员会陆续出台《城市综合管廊维护技术规程》和《上海市市政工程养护维修预算定额（第五册城市综合管廊）》,保障了综合管廊的正常运行和可持续发展。

上海市张杨路和世博综合管廊目前尚未确定和实施有偿使用制度,日常管理维护费用均由政府财政支付,费用主要包括运行维护费、堵漏费、专业检测费和电费等,应急处置产生的费用不列入财政预算,根据实际情况采取实报实销的方式由财政支付。上海市综合管廊由于均属于政府投资项目,其运营管理的模式沿袭了传统的市政基础设施管理模式,政府和主管部门从管理角度出台标准和费用定额,从长远来看对城市基础设施的日常管理维护是非常有利的,但对于财政基础薄弱的中小城市综合管廊的建设运营是不利的。

（3）台湾综合管廊运营维护管理现状

我国台湾在城市地下综合管廊的建设过程中政府起推动作用,在主要城市都成立了共同管道管理署,负责共同管道的规划、建设、资金筹措及共同管道的执法管理。台湾的综合管廊主要由政府部门和管线单位共同出资建设,管线单位通常以其直埋管线的成本以及各自所占用的空间为基础分摊综合管廊的建设成本,这种方式不会给管线单位造成额外的成本负担,较为公平合理剩余的建设成本通常由政府负担,粗略计算管线单位相比于政府要承担更多的综合管廊建设成本,其中主管机关承担 1/3 的建设费用,管线单位承担 2/3,管廊建成后使用期内产生的管廊主体维护费用同样由双方共同负担,管线单位按照管线使用的频率和占用的管廊空间等按比例分摊管廊的日常维护费用,政府有专门的主管部门负责管廊的管理和协调工作,并负担相应的开支。政府和管线单位都可以享受政策上的资金支持。我国台湾地区已建成了较发达的综合管廊系统,制定了《共同管道法》《共同管道法施行细则》《共同建设管线基金收支保管及运用办法》《共同沟建设及管理经费分摊办法》等多个法律法规或条例规定。

5.1.3 国内综合管廊的运行管理模式

《国务院办公厅关于推进城市地下综合管廊建设的指导意见》(国办发〔2015〕61号)中有关明确实施主体部分中提到:"鼓励由企业投资建设和运营管理地下综合管廊,创新投融资模式。推广运用政府和社会资本合作(PPP)模式,通过特许经营、投资补贴、贷款贴息等形式,鼓励社会资本组建项目公司参与城市地下综合管廊建设和运营管理,优化合同管理,确保项目合理稳定回报。优先鼓励入廊管线单位共同组建或与社会资本合作组建股份制公司,或在城市人民政府指导下组成地下综合管廊业主委员会,公开招标选择建设和运营管理单位。"

目前,国内综合管廊运行管理模式主要有5类,分别是政府直投模式、股份制合作模式、特许经营模式、BT模式、PPP模式。

1. 政府直投模式

政府直投模式(图5-1)是指综合管廊的主体设施以及附属设施全部由政府投资,管线单位租用或无偿使用综合管廊空间,自行敷设管线。政府直投模式下,资金来源主要有政府财政资金投入、以土地为核心的经营性资源融资、发行市政专项债,或由政府下属国有资产管理公司直接出资、申请金融机构贷款和发行企业债等。项目建成后由国有企业为主导通过组建项目公司等具体模式实施项目的运营管理。

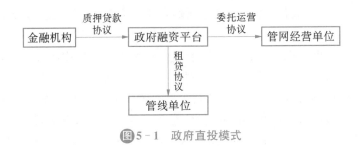

图5-1 政府直投模式

2. 股份制合作模式

股份制合作模式(图5-2)是由政府授权的国有资产管理公司代表引入社会资本方,共同组建股份制项目公司。以股份制公司的运作方式进行项目的投资建设以及后期运营管理。这种模式有利于解决政府财政的建设资金困难。

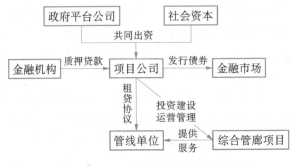

图5-2 股份制合作模式

3. 特许经营模式

特许经营模式(图 5 - 3)是指政府授予投资商一定期限内的收费权,由投资商负责项目的投资建设以及后期运营管理工作,政府不出资,具体收费标准由政府在考虑投资人合理收益串和管线单位承受能力情况下,通过土地补偿或其他政策倾斜等方式给予投资运营商补偿,使运营商实现合理的收益。运营商可以通过政府竞标等形式进行选择。这种模式为政府节省了成本,但为了确保社会效益的有效发挥,政府必须加强监管。

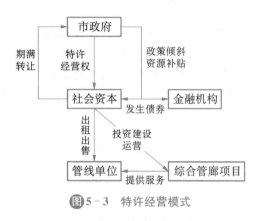

图 5 - 3　特许经营模式

4. PPP 模式

PPP 模式(政府与社会资本合作模式)是政府与社会资本之间,在公共服务和基础设施领域建立的一种长期合作关系,如图 5 - 4 所示。

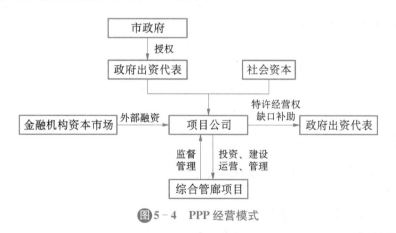

图 5 - 4　PPP 经营模式

其特征是通常由社会资本负责项目的设计、建设、运营、维护工作,社会资本通过"政府付费"、"使用者付费"、"使用者付费＋可行性缺口补助"的方式获得合理投资回报。政府部门负责基础设施及公共服务价格和质量监管,以保证公共利益最大化。PPP 模式不仅可以缓解短期财政资金压力的问题,还可以引入社会资本和市场机制,提升项目运作效率。

5. BT 模式

BT 模式一般是投资方或承建方出资建设或承建方出资建设综合管廊项目后,由政府在其后 3 到 5 年内逐年购回,投资方不参与综合管廊的运营,通过项目投资获得一定的工程利润,项目建设期利息一般由政府来偿付。

任务小结

综合管廊是保证城市运行的重要基础设施,选择科学合理的管廊运营维护管理模式,建立确保综合管廊正常运维的制度才能确保城市管廊的可持续健康发展。良好的综合管廊运营维护管理机制应维护管廊内部环境,维持正常秩序,提高其使用效率,控制其运行风险,并确保管廊运维资金来源。

目前,国内综合管廊运行管理模式主要有政府直投模式、股份制合作模式、特许经营模式、PPP模式、BT模式等五大类;其中,政府直投模式是在项目建成后由国有企业为主导通过组建项目公司等具体模式实施项目的运营管理;股份制合作模式有利于解决政府财政的建设资金困难;PPP模式不仅可以缓解短期财政资金压力的问题,还可以引入社会资本和市场机制,提升项目运作效率。

课后任务及评定

简答题

(1) 综合管廊运营维护管理的重要性体现在哪里?

(2) 国内综合管廊运行管理有哪些模式?

(3) 综合管廊运行过程中面临哪些风险?

(4) 简述台湾综合管廊运营维护管理现状。

(5) 简述 PPP 模式及特征。

任务 5.1

课后习题及答案

任务 5.2 城市综合管廊运营维护管理

工作任务

掌握城市综合管廊运营维护管理基本概念。

具体任务如下:

(1) 掌握城市综合管廊运营维护管理具体流程;

(2) 掌握城市综合管廊运营维护管理具体方法。

工作途径

《江苏省城市地下综合管廊建设指南》;

《国务院办公厅关于推进城市地下综合管廊建设的指导意见》(国办发〔2015〕61号)。

任务单 5.2

成果检验

(1) 对照任务单,结合城市综合管廊运营维护管理案例,分组讨论 PPP 模式下运营维护管理方案要点,并完成自测题。

(2) 本任务采用学生自测、互评及教师评价综合打分。

1. 早期介入管理

由于综合管廊运营维护管理是新兴的城市市政基础设施管理行业,当前,作为建筑设计学科的综合管廊专业设计还没有把综合管廊运营维护管理的相关内容纳入进来。受知识结构的局限,其在制定设计方案时,往往只是从设计技术角度考虑问题,不可能将今后综合管廊运营维护管理中的合理要求考虑得全面,或者很少从综合管廊的长期使用和正常运行的角度考虑问题,造成综合管廊建成后给运营维护管理和入廊管线单位使用带来诸多问题。另外,因政策、规划或资金方面的原因,综合管廊的设计和开工的时间相隔较长,少则一年,多则三年,由于人们对城市地下空间建筑物功能的要求不断提高,建筑领域中的设计思想不断进步和创新,这使原有的设计方案很快显得落后,我国早期建设的综合管廊由于缺少规划设计阶段和施工建设阶段的介入,在接管和管线入廊后大量问题暴露出来。除了施工质量问题外,还有设计没有从运营角度去考虑的问题:如设计者在设计综合管廊时根本没有考虑通信管线单位设备安装、管线盘线和出舱孔位置,致使管线入廊后无法满足使用要求或随意开孔,给管廊防水安全带来很大隐患。这些细节给运营管理单位和入廊管线单位带来很多烦恼,同时也影响了管线单位入廊的积极性。因此,各地在取得综合管廊规划建设许可证的同时,应当提前选聘综合管廊运营管理单位。运营管理企业作为综合管廊使用的管理和维护者,对管廊在使用过程中可能出现的问题比较清楚,应当提前介入设计和施工阶段。

1) 早期介入的必要性

① 有利于优化管廊的设计,完善设计细节。

② 有利于监督和全面提高管廊的工程质量。

③ 有利于对管廊的全面了解。

④ 为前期管廊运营管理作充分准备。

⑤ 有利于管线单位工作顺利开展

2) 早期介入的内容

(1) 可行性研究阶段

① 根据管廊建设投资方式、建设主体和入廊管线等确定管廊运营管理模式。

② 根据规划和入廊管线类别确定管廊运营管理维护的基本内容和标准。

③ 根据管廊的建设规模、概算和入廊管线种类等初步确定有偿使用费标准。

(2) 规划设计阶段

① 就管廊的结构布局、功能方面提出改进建议。

② 就管廊配套设施的合理性、适应性提出意见或建议。

③ 提供设施、设备的设置、选型和管理方面的改进意见。

④ 就管廊管理用房、监控中心等配套建筑、设施场地的设置、要求等提出建议。

⑤ 对于分期建设的管廊,对共用配套设施、设备等方面的配置在各期之间的过渡性安排提供协调意见。

3) 建设施工阶段

① 与建设单位,施工单位就施工中发现的问题共同商榷并落实整改方案。

② 配合设备安装,现场进行监督,确保安装质量。

③ 对管廊及附属建筑的装修方式、用料及工艺等方面提出意见。

④ 了解并熟悉管廊的基础、隐蔽工程等施工情况。

⑤ 根据需要参与建造期有关工程联席会议等。

4）竣工验收阶段

① 参与重大设备的调试和验收。

② 参与管廊主体、设备、设施的单项、分期和全面竣工验收。

③ 指出工程缺陷,就改良方案的可能性及费用提出建议。

2. 承接查验

综合管廊的承接查验是对新建综合管廊竣工验收的再验收,直接关系到今后管廊运营维护管理工作能否正常开展的一个重要步骤,参照住房和城乡建设部颁布的《物业承接查验办法》,对以综合管廊进行以主体结构安全和满足使用功能为主要内容的再检验。综合管廊接管验收应从今后运营维护保养管理的角度验收,也应站在政府和入廊管线单位使用的立场上对综合管廊进行严格的验收,以维护各方的合法权益;接管验收中若发现问题,要明确记录在案,约定期限督促建设主体单位对存在的问题加以解决,直到完全合格;主要事项如下:

（1）确定管廊承接查验方案。

（2）移交有关图纸资料,包括竣工总平面图,单体建筑、结构、设备竣工图,配套设施、地下管网工程竣工图等竣工验收资料。

（3）查验共用部位、共用设施设备,并移交共用设施设备清单及其安装、使用和维护保养等技术资料。

（4）确认现场查验结果,解决查验发现的问题;对于工程遗留问题提出整改意见。

（5）签订管廊承接查验协议,办理管廊交接手续。

3. 管线入廊管理

（1）强制入廊

已建成综合管廊的道路或区域,除根据相关技术规范或标准无法入廊的管线以及管廊与外部用户的连接挂线外,该道路或区域所有管线必须统一入廊。对于不纳入综合管廊而采取自行敷设的管线,规划建设主管部门一律不予审批。

（2）入廊安排

① 管廊项目本体结构竣工,消防、照明供电、排水、通风、监控和标识等附属设施完善后,纳管廊规划的管线即可入廊。

② 入廊管线单位应在综合管廊规划之初,编制入廊管线规划方案,报相关部门和规划设计单位备案;并在确定管线入廊前3个月内编制设计方案和施工图,报相关部门和管廊运营管理单位备案后,开展入廊实施工作。

③ 需要大型吊装机械施工的或管廊建成后无法预留足够施工空间的管线,安排与管廊主体结构同步施工。

④ 燃气、大型压力水管、污水管等存在高危险的管线入廊,管廊运营管理单位应事先告知相关管线单位。

（3）入廊协议

在管线入廊前,管理运营管理单位应当与管线单位签订廊协议,明确以下内容:

① 入廊管线种类、数量和长度；

② 管线入廊时间；

③ 有偿使用收费标准、计费周期；

④ 滞纳金计缴方式方法；

⑤ 费用标准定期调整方式方法；

⑥ 紧急情况费用承担；

⑦ 各方的责任和义务；

⑧ 其他应明确的事项。

（4）入廊管理

① 在管线入廊施工前，管线单位应当办理相关入廊手续，施工过程中遵守相关管理办法、管理规约和管廊运营管理单位的相关制度。

② 管线单位应当严格执行管线使用和维护的相关安全技术规程，制定管线维护和检查计划，定期巡查自有管线的安全情况并及时处理管线出现的问题。

③ 管线单位应制定管线应急预案，并报管廊运营管理单位备案；管线单位应与管运营管理单位建立应急联动机制。

④ 管线单位在管廊内进行管线重设、扩建、线路更改等变更时，应将施工方案报管廊运营管理单位备案。

4. 日常维护管理工作

1）地下综合管廊总体日常维护

（1）主体工程养护：巡检观测管廊墙体、底板和顶板的收敛、膨胀、位移、脱落、开裂、渗漏、变形、沉降等病症，并制定相应的养护、防护、维修、整改方案加以维护。

（2）设备设施养护：巡查维护综合管廊的通风、照明、排水、消防、通信、监控等设备设施，确保设备设施正常运行。

（3）管线施工管理：综合管廊出入的审批与登记、投料口开启与封闭、管沟气体检测、安全防护措施与设施、管廊施工跟踪监督、管廊施工质量检测等，加强组织管理、提供优质服务。

（4）管线安全监督：巡检控制管廊内各类管线的跑、冒、漏、滴、腐、压、爆等安全隐患，责成相关单位及时维修整改；预防并及时制止各类自然与人为破坏。

（5）应急管理：对综合管廊可能发生的火灾、水灾、塌方、有害气体、盗窃、破坏等事故建立快速反应机制，以严格周密的应急管理制度、扎实持久的智能监督控制、训练有素的应急处理队伍、第一问责的反应机制、计划有序的综合处理构建完善的应急管理体系。

（6）客户关系管理：建立综合管廊客户档案，建立良好的合作关系，定期进行客户意见调查、快速处理客户投诉、建立事故处理常规运作组织、协调客户之间工作配合关系、促进管廊使用信息沟通。

（7）环境卫生管理：建立综合管廊生态系统、管线日常清洁保洁制度，详细观测/测量/记录管廊生态变化数据，加强四害消杀、防毒、防病、防传染、防污染工作，根据管廊生态环境变化，采取科学措施，做相应调整地下综合管廊日常维护费用包括开展以上工作所发生的运行人员费、水电费、主体结构及设备保养维修费等费用。

2）管廊主体及附属设施维护

（1）综合管廊的巡查与维护

综合管廊属于地下构筑物工程，管廊的全面巡检必须保证每周至少一次，并根据季节及地下构筑物工程的特点，酌情增加巡查次数。对因挖掘暴露的管廊廊体，按工程情况需要酌情加强巡视，并装设牢固围栏和警示标志，必要时设专人监护。巡检内容主要包括：

① 各投料口、通风口是否损坏，百叶窗是否缺失，标识是否完整；

② 查看管廊上表面是否正常，有无挖掘痕迹，管廊保护区内不得有违章建筑；

③ 对管廊内高低压电缆要检查电缆位置是否正常，接头有无变形漏油，构件是否失落，排水、照明等设施是否完整，特别要注意防火设施是否完善；

④ 管廊内支吊架、接地等装置无脱落、锈蚀、变形；

⑤ 检查供水管道是否有漏水；

⑥ 检查热力管道阀门法兰、疏水阀门是否漏气，保温是否完好，管道是否有水击声音；

⑦ 通风及自动排水装置运行良好，排水沟是否通畅，潜水泵是否正常运行；

⑧ 保证廊内所有金属支架都处于零电位，防止引起交流腐蚀，特别加强对高压电缆接地装置的监视。

巡视人员应将巡视管廊的结果，记入巡视记录簿内并上报调度中心。根据巡视结果采取对策消除缺陷：

① 在巡视检查中，如发现零星缺陷，不影响正常运行，应记入缺陷记录簿内，据以编制月度维护小修计划；

② 在巡视检查中，如发现有普遍性的缺陷，应记入大修缺陷记录簿内，据以编制年度大修计划；

③ 巡视人员如发现有重要缺陷，应立即报告行业主管部门和相关领导，并做好记录填写重要缺陷通知单运行管理单位应及时采取措施，消除缺陷；加强对市政施工危险点的分析和盯防，与施工单位签订"施工现场安全协议"并进行技术交底。及时下发告知书，杜绝对综合管廊的损坏。

（2）日常巡检和维修中重点检查内容：

① 检查管道线路部分的里程桩、温度压力等主要参数、管道切断阀、穿跨越结构、分水器等设备的技术状况，发现沿线可能危及管道安全的情况；

② 检查管道泄漏和保温层损害的地方，测量管线的保护电位和维护阴极保护装置，检查和排除专用通信线故障；

③ 及时做好管道设施的小量维修工作，如阀门的活动和润滑，设备和管道标志的清洁和刷漆，连接件的紧固和调整，线路构筑物的粉刷，管线保护带的管理，排水沟的疏通管廊的修整和填补等。

（3）综合管廊附属系统的维护管理

综合管廊内附属系统主要包括控制系统、火灾消防与监控系统、通风系统、排水系统和照明系统等，各附属系统的相关设备必须经过有效及时的维护和操作，才能确保管廊内所有设备的安全运行。因此附属系统的维护在综合管廊的维护管理中起到非常重要的作用。

① 控制中心与分控站内的各种设备仪表的维护需要保持控制中心操作室内干净、无灰尘杂物，操作人员定期查看各种精密仪器仪表，做好保养运行记录，发现问题及时联系专业

技术人员;建立各种仪器的台账,来人登记记录,保证控制中心及各分控站的安全;

②通风系统指通风机、排烟风机、风阀和控制箱等,巡检或操作人员按风机操作规程或作业指导书进行运行操作和维护,保证通风设备完好、无锈蚀、线路无损坏,发现问题及时汇报相关人员,及时修理;

③排水系统主要是潜水泵和电控柜的维护,集水坑中有警戒、启泵和关泵水位线,定期查看潜水泵的运行情况,是否受到自动控制系统的控制,如有水位控制线与潜水泵的启动不符合,及时汇报,以免造成大面积积水影响管廊的运行;

④照明系统的相关设备较多,包括:电缆箱变、控制箱、PLC、应急装置、灯具和动力配电柜等设备。保证设备的清洁、干燥、无锈蚀、绝缘良好,定期对各仪表和线路进行检查,管廊内和管廊外的相关电力设备全部纳入维护范围;

⑤电力系统相关的设备和管线维护应与相关的电力部门协商,按照相关的协议进行维护;

⑥火灾消防与监控系统,确保各种消防设施完好,灭火器的压力达标,消防栓能够方便快速的投入使用,监控系统安全投入。

以上设备需根据有效的设备安全操作规程和相关程序进行维护,操作人员经过一定的专业技术培训才能上岗,没有经过培训的人员严禁操作相关设备。同时,在综合管廊安全保护范围内禁止从事排放、倾倒腐蚀性液体、气体;爆破;擅自挖掘城市道路;擅自打或者进行顶进作业以及危害综合管廊安全的其他行为。如确需进行的应根据相关管理制度制定相应的方案,经行业主管部门和管廊管理公司审核同意,并在施工中采取相应的安全保护措施后方可实施。管线单位在综合管廊内进行管线重设、扩建、线路更改等施工前应当预先将施工方案报管廊管理公司及相关部门备案,管廊管理公司派遣相应技术人员旁站确保管线变更期间其他管线的安全。

3)入廊管线巡查与维修

(1)管线巡查

入廊管线虽然避免了直接与地下水和土壤的接触,但仍处于高湿有氧的地下环境,因此对管线应当进行定期测量和检查用各种仪器发现日常巡检中不易发现或不能发现的隐患,主要有管道的微小裂缝、腐蚀减薄、应力异常,埋地管线绝缘层损坏和管道变形,保温脱落等检查方式包括外部测厚与绝缘层检查、管道检漏、管线位移、土壤沉降测量和涂层、保护层取样检查。对线路设备要经常检查其动作性能,仪表要定期校验,保持良好的状况,紧急关闭系统务必做到不发生误操作设备的内部检查和系统测试按实际情况,每年进行14次。汛期和冬季要对管廊和管线做专门的检查维护主要检查和维修内容如下:

①排水沟、集水坑、沉降缝、变形缝和潜水泵的运行能力等;

②了解管廊周围的河流、水库和沟壑的排水能力;

③维修管廊运输、抢修的通道;

④配合检修通信线路,备足维修管线的各种材料;

安全第一
警钟长鸣

⑤汛期到后,应加强管廊与管道的巡查,及时发现和排除险情;

⑥配备冬季维修机具和材料;要特别注意裸露管道的防冷冻措施;

⑦检查地面和地上管段的温度补偿措施;

⑧检查和消除管道泄漏的地方;

⑨注重管廊交叉地段的维护工作。

2）管线维修

对于损坏或出现隐患的管线要及时进行维修。管道的维修工作按其规模和性质可分为：例行性（中小修）、计划性（大修）、事故性（抢修），一般性维修（小修）属于日常性维护工作的内容。

例行性维修：

① 处理管道的微小漏油（砂眼和裂缝）；

② 检修管道阀门和其他附属设备；

③ 检修和刷新管道阴极保护的检查头、里程桩和其他管线标志；

④ 检修通信线路，清刷绝缘子，刷新杆号；

⑤ 清除管道防护地带的深根植物和杂草；

⑥ 洪水后的季节性维修工作；

⑦ 露天管道和设备涂漆。

计划性维修：

① 更换已经损坏的管段，修焊孔和裂缝，更换绝缘层；

② 更换切断阀等干线阀门；

③ 检查和维修水下穿越；

④ 部分或全部更换通信线和电杆；

⑤ 修筑和加固穿越、跨越河道两岸的护坡、保坎、开挖排水沟等土建工程；

⑥ 有关更换阴极保护站的阳极、牺牲阳极、排流线等电化学保护装置的维修工程；

⑦ 管道的内涂工程等。

事故性维修：

事故性维修指管道发生爆裂、堵塞等事故时被迫全部或部分停产进行的紧急维修工程，亦称抢险。抢修工程的特点是，它没有任何事先计划，必须针对发生的情况，立即采取措施，迅速完成，这种工程应当由经过专门训练，配备成套专用设备的专业队伍施工。

必要情况下，启动应急救援预案，确保管及内部管道、线路、电缆的运行安全以上全部工作由管线产权单位负责，管廊管理公司负责巡检、通报和必要的配合。

5. 运营维护管理成本

1）成本构成要素

2015年12月，国家发展改革委、住房和城乡建设部联合发布了《国家发展改革委住房和城乡建设部关于城市地下综合管廊实行有偿使用制度的指导意见》（发改价格〔2015〕2754号），明确了城市地下综合管廊实行有偿使用制度，并对有偿使用费的构成做了详细说明："城市地下综合管廊有偿使用费包括入廊费和日常维护费廊费主要用于弥补管廊建设成本，由入廊管线单位向管廊建设运营单位一次性支付或分期支付，日常维护费主要用于弥补管廊日常维护、管理支出，由入廊管线单位按确定的计费周期向管廊运营单位逐期支付"，费用构成因素包括：

（1）入廊费可考虑以下因素：

① 管廊本体及附属设施的合理建设投资；

② 管廊本体及附属设施建设投资合理回报，原则上参考金融机构长期贷款利率确定（政府财政资金投入形成的资产不计算投资回报）；

③ 各入廊管线占用管廊空间的比例；

④ 各管线在不进入管廊情况下的单独敷设成本(含道路占用挖掘费,不含管材购置及安装费用);

⑤ 管廊设计寿命周期内,各管线在不进入管廊情况下所需的重复单独敷设成本;

⑥ 管廊设计寿命周期内,各入廊管线与不进入管廊的情况相比,因管线破损率以及水、热、气等漏损率降低而节省的管线维护和生产经营成本;

⑦ 其他影响因素。

(2)日常维护费可考虑以下因素:

① 管廊本体及附属设施运行、维护、更新改造等正常成本;

② 管廊运营单位正常管理支出;

③ 管廊运营单位合理经营利润,原则上参考当地市政公用行业平均利润率确定;

④ 各入廊管线占用管廊空间的比例;

⑤ 各入廊管线对管廊附属设施的使用强度;

⑥ 其他影响因素。

2)影响成本的主要因素

根据《国家发展改革委住房和城乡建设部关于城市地下综合管廊实行有偿使用制度的指导意见》(发改价格〔2015〕2754 号)规定综合管廊日常维护费基本上是运营维护管理成本支出,与管廊的建设规模、建设成本和入廊管线种类等密不可分。

(1)建设规模

综合管廊建设规模越大,运营维护管理成本的规模经济性就显得更为重要。管廊建设规模越大,专业化组织管理效率就越明显,劳动分工和设备分工的优点就越能体现出来,建设规模的扩大可以使管理队伍雇佣具有专门技能的人员,同时也能采用具有高效率的专用设备,降低能耗扩大建设规模往往使更高效的组织运营方法成为可能,也使得实现成本的节约成为可能。

(2)建设成本

综合管廊的建设成本因不同的地质条件、不同的应用环境,不同的入廊管线种类和数量,以及不同的发展城市功能要求等因素面不同,各地差异较大,以珠海横琴综合管廊为例分析珠海横琴综合管廊形成三横两纵"日"字形管网域,主干线采用双舱三舱两种规格,先期纳入电力、给水、通信 3 种管线,规划预留供冷(供热)、中水、垃圾真空管 3 种管位,能满足横琴未来 100 年发展使用需求,综合管廊内设置通风,排水,消防,监控等系统,由控制中心集中控制,实现全智能化运行,综合管廊建设造价指标如下:

① 两舱式综合管廊建设各专业造价指标:

每千米约 6264 万元,其中,岩土专业主要工作内容有 PHC 管桩桩基、PHC 管孔及基坑土方开挖等,占 19.76%;结构专业主要工作内容有钢筋混凝土主体结构、管道设备基础等,占 26.01%;建筑装饰装修主要工作内容有防水墙面抹灰刷漆,门窗安装等,占 11.54%;基坑支护专业主要工作内容有钢板、钻孔灌注桩、水泥搅拌桩等基坑支护,以及环境监测及保护,占 25.48%,安装专业主要工作内容有给水工程、通风工程、电气设备及自控工程、消防工程、通信工程等,占 17.21%。

② 三舱式综合管沟建设各专业造价指标:

每千米约 6923 万元,其中,岩土专业主要工作内容有 PHC 管桩基,PHC 管桩引孔及基坑方开挖等，占10.29％结构专业主要工作内容有钢筋混凝土主体结构、管道设备基础等，占28.18％；建筑装饰装修主要工作内容有防水、墙面抹灰刷漆、门窗安装等，占11.27％，基坑支护专业主要工作内容有钢板桩、钻孔灌注桩、水泥搅拌桩等基坑支护，以及环境监测及保护，占31.02％；安装专业主要工作内容有给水工程、通风工程，电气设备及自控工程、消防工程、通信工程等，占19.24％上述的造价和建设成本，对于建设标准和维护标准均提出了很高的要求，也直接影响了后续的维护成本。

（3）入廊管线种类和数量

横琴综合管廊规划纳入220 kV电力电缆、给水，通信、供冷（供热）、中水、垃圾真空管等六种管线，其中给水管敷设从DN300～DN1200不等，通信管线管孔预留28～32孔，目前部分新建综合管廊又将燃气管道、雨污水等纳入建设，上述管线的维护技术要求，使用强度、敷设长度和数量、所占管廊空间比例等，均直接影响综合管的使用强度维护要求和维护成本的支出。

3）成本测算方法

地下综合管廊运营维护管理成本主要包括运行人员费、水电费、维修费、监测检测费、保险费，企业管理费、利润和税金等。

（1）运行人员费：主要包括现场运行人员工资福利、社会保险、住房公积金、劳保用品、意外伤害保险等；

（2）水电费，电费主要是依据管廊内机电设备的功率和使用频率计算用电量，电价以当地工业电价计取；水费主要是管廊内用于清洁用水和运行管理人员办公场所生活用水；

（3）维修维保费，主要是根据建设工程设备清单并结合实际设施量、维护标准、定额标准等，对主体结构维修、设施设备保养及更换进行测算；

（4）监测检测费：根据所在区域的地质条件对综合管廊本体的沉降观测和消防检测等费用；

（5）保险费：为保障管廊设施设备和人员的安全而购买的设施保险和第三方责任险；

（6）企业管理费：指因管廊运营维护管理工作而发生的、非管廊运营专用资源的费用，按当地市政工程管理费分摊费率计取，包括以下内容：管理人员工资、办公费、差旅交通费、固定资产使用费、车辆使用费、工具用具使用费、劳动保险费、工会经费、职工教育经费、财产保险费、财务费、其他；

（7）利润：原则上参考当地市政公用行业平均利润率确定；

（8）税金：按营改增税率6％计取；

（9）其他费用。

6. 城市综合管廊运营维护管理案例

长沙市试点建设PPP项目地下综合管廊运营维护管理方案：

长沙市试点建设PPP项目
运营维护管廊案例

任务小结

城市综合廊运营维护管理主要包含五部分：

（1）早期介入：我国早期建设的综合管廊由于缺少综合管廊运营管理单位在规划设计阶段和施工建设阶段的早期介入，致使综合管廊在接管和管线入廊后暴露出大量问题。因此,各地在取得综合管廊规划建设许可证的同时,应当提前选聘综合管廊运营管理单位。运营管理企业作为综合管廊使用的管理和维护者,对管廊在使用过程中可能出现的问题比较清楚,应当提前介入设计和施工阶段。

（2）承接查验:当新建综合管廊竣工验收后,开展综合管廊的承接查验,即新建综合管廊竣工验收后的再验收,而后开展管线入廊管理。

（3）入廊管理:入廊管理主要包含强制入廊、入廊安排、入廊协议及相关管理办法。

（4）日常维护管理:管廊本体及附属设施维护及入廊管线巡查与维修。

（5）运营维护管理成本:成本构成要素及影响因素、成本测算方法、收费协调机制及管理办法。

课后任务及评定

简答题

（1）城市综合廊运营维护管理早期介入的内容有哪些?

（2）综合管廊的承接查验包括哪些事项?

（3）管线入廊管理中对入廊安排是作如何规定的?

（4）综合管廊总体日常维护包括哪些内容?

（5）汛期和冬季对管廊和管线做专门的检查维护主要包括哪些内容?

（6）运营维护管理中影响成本的主要因素有哪些?

（7）地下综合管廊运营维护管理成本主要包括哪些?

任务 5.2

课后习题及答案

　　建立基于 BIM 的三维可视化、模型轻量化、信息集成化和管理智慧化综合管廊运营平台,集成各组成系统,实现可视化管理,满足监控与报警、应急处理和日常维护管理的需要,并可与上级管理单位和管廊内管线的运营单位进行数据交换。以 BIM 的思维和方式,开展城市综合管廊在运维阶段的各方面工作,将是整体综合管廊行业未来的发展趋势和基本方向。随着 BIM 在城市综合管廊的全生命周期的应用发展和推广普及,必将对城市基础设施领域带来更可观的经济价值以及更深远的社会效益,为智慧城市的建设提供可靠的信息支撑。BIM 技术在城市综合管廊工程运维阶段的具体应用扫描二维码:

BIM 技术在城市综合管廊运维阶段应用

参考文献

［1］中华人民共和国住房和城乡建设部,中华人民共和国国家质量监督检验检疫总局.城市综合管廊工程技术规范:GB 50838—2015［S］.北京:中国计划出版社,2015.

［2］中华人民共和国住房和城乡建设部,国家市场监督管理总局.城市地下综合管廊运行维护及安全技术标准:GB 51354—2019［S］. 北京:中国建筑工业出版社,2019.

［3］中华人民共和国住房和城乡建设部,中华人民共和国国家质量监督检验检疫总局.建筑地基基础工程施工质量验收标准:GB 50202—2018［S］.北京:中国计划出版社,2018.

［4］中华人民共和国住房和城乡建设部,中华人民共和国国家质量监督检验检疫总局.混凝土结构工程施工质量验收规范:GB 50204—2015［S］. 北京:中国建筑工业出版社,2015.

［5］中华人民共和国住房和城乡建设部,国家市场监督管理总局.普通混凝土物理力学性能试验方法标准:GB/T 50081—2019［S］. 北京:中国建筑工业出版社,2019.

［6］中华人民共和国住房和城乡建设部,中华人民共和国国家质量监督检验检疫总局.混凝土强度检验评定标准:GB/T 50107—2010［S］.北京:光明日报出版社,2010.

［7］中华人民共和国住房和城乡建设部.建筑工程冬期施工规程:JGJ/T 104—2011［S］.北京:中国建筑工业出版社,2011.

［8］中华人民共和国住房和城乡建设部,国家市场监督管理总局.混凝土结构耐久性设计规范:GB/T 50476—2019［S］. 北京:中国建筑工业出版社,2019.

［9］中华人民共和国住房和城乡建设部,中华人民共和国国家质量监督检验检疫总局.建筑工程抗震设防分类标准:GB 50223—2008［S］. 北京:中国建筑工业出版社,2010.

［10］中华人民共和国住房和城乡建设部.钢筋机械连接技术规程:JGJ 107—2016［S］. 北京:中国建筑工业出版社,2016.

［11］北京市市政工程设计研究总院有限公司.城市综合管廊工程设计规范:DB11/ 1505—2017［S］.

［12］浙江省建筑设计研究院.城市综合管廊工程设计规范:DB33/T 1148—2018［S］.

［13］浙江省建筑设计研究院.城市地下综合管廊工程施工及质量验收规范:DB33/T1150—2018［S］.

［14］油新华,申国奎,郑立宁等.城市地下综合管廊建设成套技术［M］.北京:中国建筑工业出版社,2018.

［15］刘娜娜,何志红等.城市综合管廊工程技术［M］.武汉大学出版社,2018.

［16］中国安装协会.城市地下综合管廊全过程技术与管理［M］.中国电力出版社,2017.

［17］北京城建集团有限责任公司.城市地下管廊结构施工技术与创新［M］.北京:中国建筑工业出版社,2018.

［18］胥东等.城市综合管廊工程设计指南［M］.北京:中国建筑工业出版社,2018.

[19] 胥东等.城市综合管廊运行与维护指南[M].北京:中国建筑工业出版社,2018.

[20] 胥东等.城市综合管廊工程施工技术指南[M].北京:中国建筑工业出版社,2018.

[21] 胥东等.装配式综合管廊工程应用指南[M].北京:中国建筑工业出版社,2018.

[22] 黄琛丹.我国城市地下综合管廊运营管理研究综述[J].中外企业家,2019(05):108-110.

[23] 张宏,张柚,董爱.国内PPP项目特许经营期决策研究综述[J].会计之友,2019(03):20-25.

[24] 李明照,赵红佳.城市地下综合管廊研究综述[J].吉林工程技术师范学院学报,2017,33(05):71-72+75.

[25] 郑立宁,罗春燕,王建.综合管廊智能化运维管理技术综述[J].地下空间与工程学报,2017,13(S1):1-10.

[26] 陈代果,马宏昊,沈兆武,姚勇,邓勇军.城市地下综合管廊抗震抗爆研究进展[J].施工技术,2020,49(03):52-56.

[27] 张宏,董爱.基于委托代理理论的城市综合管廊PPP项目政府补贴研究[J].价值工程,2020,39(06):40-43.

[28] 夏冬婷,王军武.基于模糊综合法的综合管廊投资风险评价[J].价值工程,2020,39(05):126-129.

[29] 高银宝,谭少华,谭大江,陈杰,曾献君.小城镇地下综合管廊规划建设与管理[J].地下空间与工程学报,2020,16(01):14-25+63.

[30] 王宝泉,杨剑,李静毅,上官士青.多源融合的综合管廊典型结构监测系统的搭建[J].工程建设与设计,2020(03):144-146+150.

[31] 王俊岭,杨明霞,张智贤,魏江涛,冯萃敏,李英,赵欣.基于AHP法的综合管廊断面选型研究[J].数学的实践与认识,2020,50(03):194-202.

[32] 武钰坤.基于综合管廊专项规划编制的分析与探讨[J].居舍,2020(01):6.

[33] 郑丹,王学东,张一航.推动城市地下综合管廊发展的政策与标准[J].工程建设标准化,2020(01):73-75.

[34] 刘英平.城市地下综合管廊横断面设计及其优化研究[J].智能城市,2020,6(02):62-63.

[35] 张宏,董爱.城市综合管廊PPP项目政府补贴测算方法研究[J].价值工程,2020,39(01):73-76.

[36] 赵世强,常铁洋.城市综合管廊建设的宏观适宜性模糊评价研究[J].北京建筑大学学报,2019,35(04):65-74.

[39] 王会,王育良.基于BIM技术的综合管廊协同设计应用研究[J].连云港职业技术学院学报,2019,32(04):1-5.

[40] 王启耀,卢刚刚,张亚国,胡志平,王少卿.综合管廊大角度斜穿地裂缝的变形及受力特征研究[J].西安建筑科技大学学报(自然科学版),2019,51(06):825-832.

[41] 张林,张振鹏,单益永,魏敏,梁乐,景江勇.穿越地裂缝的地下综合管廊变形规律与应力分布特征研究[J].建筑施工,2019,41(12):2182-2185.